非线性系统分析
——扩展模糊自适应控制器设计

范永青　著

科学出版社
北京

内 容 简 介

模糊逻辑系统是智能控制领域的一个重要分支。本书作者结合在该领域长期以来的研究工作，系统地阐述了当前模糊控制器设计研究领域中的关键技术问题、研究成果和状况。本书共 14 章，内容涉及模糊逻辑系统的构造、模糊逻辑系统的万能逼近性质、逼近性质满足的条件、自适应设计的特点、不同被控系统的设计方法、模糊自适应控制器设计的拓展和推广等。全书内容由浅入深，结合不同的实例分析，详细介绍了模糊自适应控制的相关理论及应用。

本书可作为模糊控制、控制理论与工程等相关专业研究生的教材，也可供模糊控制领域的相关科研工作者和工程技术人员参考。

图书在版编目（CIP）数据

非线性系统分析：扩展模糊自适应控制器设计 / 范永青著.
— 北京：科学出版社，2018.5
　ISBN 978-7-03-057299-8

　Ⅰ.①非…　Ⅱ.①范…　Ⅲ.①自适应控制器－设计　Ⅳ.①TM571.642

中国版本图书馆 CIP 数据核字 (2018) 第 086980 号

责任编辑：王　哲　赵鹏利 / 责任校对：郭瑞芝
责任印制：师艳茹 / 封面设计：迷底书装

科学出版社 出版
北京东黄城根北街 16 号
邮政编码：100717
http://www.sciencep.com

保定市中画美凯印刷有限公司 印刷
科学出版社发行　各地新华书店经销
*
2018 年 5 月第　一　版　开本：720×1 000　1/16
2018 年 5 月第一次印刷　印张：11
字数：216 000
定价：69.00 元
（如有印装质量问题，我社负责调换）

前　　言

随着现代科学技术的快速发展，针对非线性系统控制目的的多样化问题，及几类非线性动态系统所表现的不同特点，如模型和测量误差的不精确性、动态系统中存在大量的未知不确定性、系统动态行为的多样性(如极限环、混沌等动态行为)及高标准的性能要求，给出现代控制器的设计方法和相应的理论分析，已经成为目前国内外控制理论研究领域重要的研究课题。

系统本身的复杂性，使得控制目标存在多样性和不同目标之间存在矛盾，传统的控制方法通常要求被控对象必须满足某些特定的要求，如被控对象要满足量化，且量化参数之间的关系要满足微分方程或差分方程。这种传统的控制设计方法已经无法满足非线性系统日益复杂的性能要求，因此，智能控制在解决这样的复杂系统中被提出来。

智能控制是多个学科之间的交叉学科，是人工智能、认知、模糊集理论和生物控制论等多个学科相互发展、相互渗透、相互结合的学科。尽管智能控制的理论体系与经典控制理论相比，存在许多问题待补充和完善，但在多个学科的实际应用中已经取得了前所未有的可喜成绩，受到大量相关科研人员的广泛关注。其理论与应用领域将会不断被拓展与完善。模糊控制可以有效利用人类已掌握的知识实现对不确定被控对象的控制，因此模糊控制属于智能控制的范畴。模糊控制作为智能控制中的一个活跃分支，其控制方法的特点是以模糊集理论、模糊语言变量和模糊逻辑推理为基础，并将模糊数学应用在控制理论中。模糊控制可以有效利用人类专家的经验或知识。这些对信息的控制特性是传统定量的控制理论所不具备的，因此模糊控制的产生对智能控制的发展具有举足轻重的作用。虽然模糊控制在理论与工程实践中取得了巨大的发展，但是模糊控制的理论发展速度远不及模糊控制的应用发展速度，其主要原因之一是传统的控制理论制约着模糊控制理论的发展。因此，本书在传统的模糊逻辑系统的基础上做了进一步的探索，针对几类非线性动态系统的性能要求，提出一系列控制器设计方法。作为解决上述问题的一个尝试，在本书中，从计算的角度来看待模糊逻辑系统，此时模糊逻辑系统可以看作函数逼近器，不论模糊逻辑系统本身是否拥有规则，逼近精度是衡量其质量好坏的一个重要的定量指标。如果只将逼近精度作为在线估计调节的参数，那么所构造的自适应律就和模糊逻辑系统的内部逻辑构造无关，因而自适应律的数目就会大大减少。当然，仅靠逼近精度作为在线估计调节的参数还不能完全解决自适应控制的设计问题，本书的想法是在模糊逻辑系统输入-输出端引入适当的外部装置，这些装置带有可调的参数，通过在线调节这些外部参数和逼近精度就有可能完成自适应控制的设计任务，由此提出几种新的扩展模糊逻辑系统，基于此，根据不同的控制任务设计出多种形式的控制器。衷心期望本书中的设计方法能为模糊控制理论的进一步发展起到推动的作用。

　　本书中所介绍的内容全部为作者近年来的研究成果，但还有许多问题需要进一步的完善与探讨，由于作者的研究水平有限，书中难免存在疏漏与不妥之处，真诚欢迎各位专家批评和指正。

　　本书得到国家自然科学基金青年项目"带有伸缩器和饱和器的模糊自适应控制设计研究"（项目编号：61305098）、"光纤陀螺偏振态耦合的热损伤机理与在线补偿控制研究"（项目编号：51405387）的资助。

作　者

西安邮电大学

2018 年 3 月

目　　录

第1章 绪　　论

1.1　非线性动态系统的研究背景与意义

1.1.1　非线性动态系统的特性与研究意义

随着人类社会经济和生产技术的发展进步，日新月异的科学技术需求对控制理论提出了更高的要求[1-5]。控制理论研究的对象越来越复杂，由此产生了多种多样的控制设计思想和方法。其中，依据系统数学模型的不同特点进行相应的控制设计是目前控制理论研究领域的一个重要研究方面。该研究方面的主要优势是可以借助于合适的数学工具、依据严谨的推理合成被控系统的控制器。系统结构的复杂性经常导致其数学模型的不精确性，因此仅仅借助于系统精确数学模型进行控制，难以解决复杂非线性动态系统的控制问题。这意味着在存在不确定性的情况下讨论非线性动态系统的控制问题是非常必要的。

1.1.2　非线性动态系统的研究背景

在实际工程领域中，很多系统可以用高维非线性模型来描述，如力学、航空航天、机械工程系统等，这些系统都具有较高的状态维数。如果这些系统处在非线性耦合的情形，当受到外部的影响时，这些高维系统将表现出模态作用、能量转移、跳跃现象、多脉冲混沌运动等更为复杂的非线性动力学行为。这就导致系统稳定过程中计算量增大，继而出现时间延长现象，在某些特殊情况下，使得系统发生失控现象。因此从控制理论的角度来研究如何对这些高维复杂行为的动态系统实施控制并使其稳定是一个非常有意义的研究课题。另外，在机器人控制、卫星的定位与姿态的控制、精密机床的运动控制等领域，这些系统具有很强的不确定非线性特征。对这类非线性动态系统的控制研究主要体现在如何处理被控系统中的非线性项、不确定性，以及如何设计较强的鲁棒性能等方面。

由于以上这些系统很难得到系统的精确模型，在这种情况下需要探索一些不同于传统控制方法的设计思想。因此，带有非线性、不确定性的动态系统的控制问题日益成为控制理论的一个研究热点。总而言之，具有高维非线性、强耦合和不确定性的复杂动态系统控制研究是目前国内外控制理论领域的前沿课题，研究结果不仅具有重要的理论意义，而且具有重要的工程实践意义。

1.2　非线性动态系统的控制研究现状

一般认为，借助于 Lyapunov 近似线性化方法，线性系统控制理论能够解决低维数、弱耦合的非线性系统的局部控制问题，而对于高维数、强耦合和强非线性的复杂动态系统控制问题难以奏效。因此，近几十年来，复杂非线性动态系统的控制方法研究一直是控制理论研究领域的一个重要研究方面。根据复杂非线性动态系统的特点，目前主要形成以下控制设计方法。

1.　自适应控制方法

该方法的主要特点是：当系统模型中存在不确定（未知）参数或者不确定项的范数上界表现为未知参数时，可以通过设计这些参数估计值的自适应律，利用估计值设计相应的控制器。目前，针对未知参数为常数情形时的自适应控制设计方法比较成熟，有相应的数学推理依据。而对于系统模型中不确定性不能表现为常参数情形，该方法还需要进一步的研究发展。

2.　滑模变结构控制方法

该方法的主要特点是：当系统模型中存在不确定项时，可以通过设计合适的滑模面，利用不确定项的上界函数合成相应的控制器。该方法的主要缺点是系统控制过程往往会产生"抖振"现象。消除或者减弱"抖振"现象是利用该方法解决工程问题的一个重要前提。

3.　精确线性化控制方法

该方法的主要特点是：当系统模型中存在非线性项时，可以通过状态的坐标变换和反馈作用将该系统完全或者部分线性化，然后再结合线性系统控制设计方法或者其他方法完成控制设计。该方法的主要缺点是需要检测系统的全部状态，并且检验和构造相应的坐标变换比较困难。

4.　Backstepping 控制方法

该方法的主要特点是：当系统模型能够表现为类上三角形式（严格反馈形式）时，结合 Lyapunov 直接方法，通过一种反步递推的方法逐步设计相应的控制器。该方法的主要缺点是高维系统的控制器表示复杂，控制运行时间长。

5.　智能控制方法

目前智能控制方法呈现多样化，模糊控制方法是其中相对比较典型且成熟的控制方法。该方法的主要特点是：当系统模型中存在不确定项时，利用模糊逻辑系统逼近相应的不确定项而获取相应的信息，利用这些信息构造相应的控制器。目前，结合自适应控制方法而产生的模糊自适应控制方法相对比较成熟。该方法的主要缺点是对于高维数系统，相应的模糊逻辑系统的规则数急剧增加，从而造成"维数"灾难，加大了控制过程时间，容易造成系统失稳。

6. 结合控制方法

将前面介绍的主要方法进行合适的结合可以产生更有效的控制设计方法。例如，将滑模变结构控制方法与自适应控制方法相结合产生"自适应滑模变结构控制方法"；将模糊控制方法与滑模变结构控制方法相结合产生"模糊滑模变结构控制方法"等。

值得注意的是，关于非线性动态系统的控制方法并不仅限于上述六种方法。下面仅就本书中所用到的主要控制方法的国内外研究现状作一个简要的介绍。

1.2.1 模糊控制

在 20 世纪 60 年代末 70 年代初，Zadeh 提出关于模糊理论的基本概念。基于这些有关模糊理论的基本概念，1975 年，Mamdani 和 Assilian 创立了模糊控制器的基本框架，并将模糊控制用在控制蒸汽机上[6]，他们发现模糊控制器非常易于构造且运作效果较好。由于模糊控制是一种基于规则的控制，直接采用语言型控制规则，以现场操作人员的控制经验或相关专家的知识为根据，因此，在设计过程中不需要建立被控对象的精确数学模型。

在最近几十年，模糊控制已经成为控制理论领域中不可缺少的一部分，尤其在其应用领域有更多的辉煌成果[7-11]。与其他形式的控制相比，模糊控制具有如下几方面的优点。

（1）这种方法是基于专家语言的规则，易于接受与理解，设计简单，便于应用。

（2）模糊控制比较容易建立语言控制规则，因此对数学模型难以获取、动态特性不易掌握或变化非常显著的对象非常适用。

（3）一个系统语言控制规则具有相对的独立性，利用控制规律间的模糊连接，容易找到折中的选择，使控制效果优于常规控制器。

（4）有利于模拟人工控制的过程和方法，增强控制系统的适应能力，使之具有一定的智能水平。

（5）模糊控制系统具有较强的鲁棒性能，干扰和参数变化对控制效果的影响很弱，尤其适合于非线性、时变及纯滞后系统的控制。

1.2.2 自适应控制

在进行控制器设计时，实际系统中普遍存在着不确定性，这种不确定性主要体现在[12]：系统数学模型与实际系统间的差异；系统本身的结构和参数是未知的或者是时变的；系统扰动一般是随机的，且不可测量；控制对象的特性随时间或工作环境变化而改变，且这种变化规律难以事先知道。因此在 20 世纪 50 年代，在研究高性能飞行器自动驾驶仪的设计时，提出了自适应控制这一方法[13]。顾名思义，自适应控制器就是能修正自己的特性以适应对象和扰动的动态特性变化。自适应控制的基本目标是当控制对象存在不确定性或者参数存在未知变化时，仍可以保持可靠的系统性能。在许多工业领域中，常常伴有参数的不确定性和参数的变化，如机器人操纵、电力系统、飞行器控制、船舶驾驶、生物医药工程等。为了应付不可避免的参数变化和参数不确定性，就需要采用自适应控制来实现控制过程。

从自适应控制的工作机理和作用来看，自适应控制可以定义为[14]：通过测量输入/输出信息，实时地掌握被控对象和系统误差的动态特性，并根据其变化情况及时调节控制量，使系统的控制性能最优，或满足要求。

自适应控制也是一种反馈控制，具有在线学习的功能，因此它具有鲁棒性能。自适应控制的优点主要体现在两个方面：①能不断测量和监督被控对象与系统的变化，通过实时掌握变化信息来降低不确定性带来的风险；②可以及时调整控制器，使得控制量的变化能自动适应对象的变化或者减少误差。由自适应控制的这两个特点继而可以维持控制性能最优或者次优。因此，由以上分析可知，自适应控制与一般的反馈控制相比，性能有了很大的提高。

在处理复杂动态系统中的不确定非线性项时，模糊自适应控制方法在最近十几年成了一个很活跃的研究课题，并取得了大量的成果[6,15-21]。但是这些方法还存在一定的局限性，有待于进一步讨论研究。

1.3　非线性动态系统中的混沌现象

1.3.1　混沌系统的概念

混沌是复杂动态系统的某种特殊动态行为表现。目前，在国内外学术界，还没有一个准确合理的科学概念来解释什么是混沌系统。一般认为，混沌系统具有如下共同特点。

（1）混沌系统对初值条件敏感。对于存在内在随机性的混沌系统来说，由两个接近的初始值出发的两条轨线在较长一段时间演化后，它们之间的距离可能变得非常远，这就是所谓的"失之毫厘，谬以千里"。"蝴蝶效应"就是混沌系统对初值极为敏感的一种依赖现象，是混沌理论的一个重要特征。另外，如果混沌系统中的参数发生了变动或扰动，系统就会表现得特别敏感，无论这种变动和扰动有多小，在经过一定的时间后，系统平衡点的稳定性都会因响应发生变化，从而导致系统将处于不同的状态。因此，混沌系统中任何系统噪声和观测误差带来的初始值误差，都会对混沌系统产生极大的影响[22]。由于混沌系统具有轨道的不稳定性和对初始条件的敏感性特点，所以不可能长期预测在将来某一时刻的动力学特性。

（2）混沌系统具有轨道不稳定性和分岔性质。混沌系统会随某组参数或者某个参数的变化而变化，因此，学者把这组参数或这个参数称为分岔点。在这个分岔点，如果参数发生微小的变化，则系统就会产生不同的动力学行为。因此，系统在分岔点处结构是不稳定的。

（3）混沌系统具有遍历性。混沌运动轨迹局限在一个确定的区域，这个区域称为混沌吸引域。在混沌吸引域中，混沌运动轨迹从数学的角度看表现为稠密的性质，所以混沌轨道经过混沌区域内的每一个状态点。

（4）混沌系统具有普适性。混沌的普适性就是系统在趋于混沌的时候所表现出的共同特性，主要分两种形式：①结构普适性，在趋于混沌过程中，混沌轨线的分岔情况和定量特性只和系统的数学结构有关；②测度普适性，同一映像或迭代的结构形态仅和非线性函数展开的幂次有关，因此，在不同测度层次之间所呈现的结构相同。

对于各种实验和计算机模拟所发现的非线性系统而言，如果系统的维数高于二维，其轨道经常伴有混沌性质[23-25]。其中用偏微分方程描述的系统、代数-微分混杂系统、常微-偏微混杂系统等都属于高维复杂系统的范畴。另外，混沌系统的复杂动力学行为不局限在一般的时间混沌上，还出现在其他空间上，如时间超混沌、空间混沌和时空混沌等[25]。

1.3.2 混沌控制产生的背景

混沌是非线性动态系统特有的一种运动形式，广泛存在于自然科学和社会科学的各个领域。产生混沌现象的根本原因在于运动方程具有非线性性质。复杂动态系统中的非线性、无序、不稳定等这些特征演化了非常奇特的运动机理，混沌就是这些特征的典型代表。混沌现象的研究已经形成了一门新的学科，研究领域涉及数学、物理学、天文学、化学、经济学、生物学及工程技术等诸多学科。长期以来，人类的工作实践经验认为在某些条件下，这种混沌现象对动力系统的运动是有害的[25]，因此，人们想办法使得系统避免产生混沌现象。然而人们发现混沌在某些环境下是非常有用和自然的，这时候，人类试图用控制技术将混沌现象应用到实际生产和生活中[24,25]。

混沌系统对扰动、初始条件及参数的变化具有极为敏感的特性，因此，如何有效地控制混沌引起了控制领域科研人员的广泛关注，这种关注也给控制理论的发展带来了新的挑战。从 20 世纪 60 年代到 80 年代末，有关混沌控制的发展还处在一个较慢的时期。其中，Pettini 和 Fowler 发表的几篇文章对混沌控制的可能性进行了分析探讨[26,27]，然而很多学者认为混沌都是不可控的。1990 年，Ott、Grebogi 和 Yorke

提出了一种比较系统和严密的参数微扰方法[28]（后来人们简称为 OGY 方法）。在同一年中，美国海军研究实验室提出混沌同步原理并在电子线路上首次实验成功[29]，从此揭开了混沌控制的序幕。近几年，随着科学技术的进步与快速发展，混沌控制理论的研究也进入了一个新的发展阶段。

1.3.3 混沌控制的研究现状

混沌控制一般包含两个方面的含义：其一，如何采用混沌控制达到应用的目的，也就是说考虑如何利用混沌有利的一面；其二，当混沌现象对人类有害时，考虑如何采用混沌控制使得混沌现象消失。随着对混沌现象研究的深入，混沌控制的应用越来越受到人们的关注。到目前为止，混沌控制已经应用于航天技术、雷达通信、激光和信息处理等复杂的系统中。已经有许多关于混沌控制的方法相继被提出并在实际问题中得到应用，如自适应控制方法[30,31]、反馈控制方法[32,33]、分散最优控制方法[34]、周期方法[35,36]等。

混沌信号具有宽频带、复杂性、正交性等优良的特点，因此在保密通信中混沌信号有着重要的意义。Pecora 和 Carroll 提出了混沌同步的概念和方法[37,38]，这里的混沌同步实际上就是混沌控制的一个特殊问题，该方法已经应用于保密通信领域，并且这些应用已经在非线性混沌电路的控制实验中得到了证实[39,40]。另外，混沌同步控制与混沌控制密切相关，且具有相同的数学基础[39]。近二十多年来，混沌系统的驱动响应同步引起了国内外许多学者的注意，研究领域已经扩展至应用化学反应、生物系统和保密通信等[41,42]。除此之外，在其他一些领域，混沌控制的重要性也受到了特别的关注，如医学神经癫狂[43-45]和物理激光器干扰[46]等。混沌系统的驱动响应同步意味着通过在响应系统上增加控制策略，驱动系统和响应系统之间的动态行为经过短暂的时间可以渐近趋于一致。如果驱动系统和响应系统的数学模型可以表示为常微分方程的形式，则驱动响应同步就和控制理论中的观测器相似[39,47]，这就意味着一些控制理论中的数学方法可以用来设计驱动响应同步控制。各种各样的控制方法，如 PID 控制、自适应控制、最优控制、非线性控制等在混沌控制问题中取得了卓有成效的发展[42]。虽然这些已有的成果为混沌控制理论领域的研究开辟了新的研究方案和理论认识，但目前混沌控制还处在一个初始发展阶段。在工程实际中，有相当多的问题还没有解决，需要进行更深的探索与研究。例如，在采用自适应控制方法中，自适应参数的多少成为了算法好与坏的判断标准。另外，由于混沌系统对参数具有极强的敏感性，因此在实际工程中，对混沌系统采用状态反馈控制时，可能会对混沌系统产生影响。由此可知，混沌理论中还有很多尚未解决的问题都需要继续进行研究。

1.4 主要内容与章节安排

本书利用控制理论中的模糊自适应控制器设计、量化控制器设计及离散控制器设计等思想，对不同的非线性动态系统模型进行一系列的探索研究。全书共 14 章，具体的结构内容安排如下。

第 1 章：绪论。

第 2 章：介绍本书中的基础知识。

第 3 章：对一类具有齐次性质的不确定复杂动态系统，以 T-S 型模糊逻辑系统为例，设计一种非线性模糊自适应控制器。

第 4 章：对一类满足 Lipschitz 条件的不确定非线性动态系统，用带有伸缩因子的扩展模糊逻辑系统设计模糊自适应镇定控制器。且对带有外部干扰的不确定非线性复杂动态系统，设计模糊自适应跟踪控制器，使得系统的输出信号能以有界的误差跟踪参考信号。

第 5 章：对于状态变量不完全可测的非线性系统，首先设计观测器观测出系统的状态，然后利用模糊自适应控制技术来设计控制器。

第 6 章：利用反推法对 Arneodo 混沌系统的驱动响应系统同步控制问题，提出一种扩展模糊逻辑系统控制器设计方法。

第 7 章：设计一类非线性系统的广义模糊双曲正切模型自适应控制器。

第 8 章：讨论一类具有外界干扰的混沌系统，针对主从系统的同步问题，提出一种模糊自适应控制器设计方法。

第 9 章：讨论一类具有混沌现象的非线性动态系统，采用可变状态量化反馈控制器，使得系统在控制器的作用下，能很好地达到稳定效果。

第 10 章：对 Lur'e 混沌系统的驱动响应同步控制，给出一种自适应量化控制器设计方案。

第 11 章：针对一类混沌系统平衡点的稳定控制问题，采用输入到状态稳定控制器设计方法，给出一种自适应控制器设计方案。

第 12 章：针对一类混沌系统驱动响应同步控制问题，采用输入到状态稳定控制器设计方法，给出一种非线性自适应控制器设计方案。

第 13 章：对带有混合时间时滞的不同混沌神经网络系统的投影同步控制器设计问题，提出一种自适应控制器设计思想。

第 14 章：对一类不确定非线性离散系统的跟踪控制，给出一种模糊自适应控制器设计方案。

最后，在总结全书的基础上，提出有待进一步研究和解决的问题。

参 考 文 献

[1] Levis A H, Marcus S I, Perkins W R, et al. Challenges to control: A collective view. IEEE Transactions on Automatic Control, 1987, 32: 274-285.

[2] 达庆利, 何建敏. 大系统理论与方法. 南京: 东南大学出版社, 1989.

[3] 黄琳, 秦化淑, 郑应平, 等. 复杂控制系统理论: 构想与前景. 自动化学报, 1993, 19: 129-137.

[4] Benveniste A, Astrom K J. Meeting the challenge of computer science in the industrial application of control: An introductory discussion to the special issue. Automatica, 1993, 29: 1169-1175.

[5] 王其藩. 高级系统动力学. 北京: 清华大学出版社, 1995.

[6] Mamdani E H, Assilian S. An experiment in linguistic synthesis with a fuzzy logic controller. International Journal of Man-Machine Studies, 1975, 7: 1-13.

[7] Alturki F A, Abdennour A. Design and simplification of adaptive neuro-fuzzy inference controllers for power plants. International Journal of Electrical Power and Energy Systems, 1999, 21: 465-474.

[8] Garduno-Ramirez R, Lee K Y. Wide range operation of a power unit via feedforward fuzzy control thermal power plants. IEEE Transactions on Energy Conversion, 2000, 15: 421-426.

[9] 栾秀春, 李士勇, 张宇. 单元机组的 T-S 模糊协调控制系统及其 LMI 分析. 中国电机工程学报, 2005, 25: 91-95.

[10] 王庆利, 王丹, 井元伟. 基于模糊解耦的火电单元机组负荷控制. 控制与决策, 2006, 21: 435-439.

[11] 吴敏, 周国雄, 雷琪, 等. 多座不对称焦炉气管压力模糊解耦控制. 控制理论与应用, 2010, 27: 94-98.

[12] 刘兴堂. 应用自适应控制. 西安: 西北工业大学出版社, 2003.

[13] Slotine J J E, Li W. 应用非线性控制. 程代展译. 北京: 机械工业出版社, 2006.

[14] 徐湘元. 自适应控制理论与应用. 北京: 电子工业出版社, 2007.

[15] Wang L X. Stable adaptive fuzzy control of nonlinear systems. IEEE Transactions on Fuzzy Systems, 1993, 1: 146-155.

[16] Tong S C, Li Q G, Chai T Y. Fuzzy adaptive control for a class of nonlinear systems. Fuzzy Sets and Systems, 1999, 101: 31-39.

[17] Chai T Y, Tong S C. Fuzzy direct adaptive control for a class of nonlinear systems. Fuzzy Sets and Systems, 1999, 103: 379-387.

[18] Tang Y Z, Zhang N Y, Li Y D. Stable fuzzy adaptive control for a class of nonlinear systems. Fuzzy Sets and Systems, 1999, 104: 279-288.

[19] Koo T J. Stable model reference adaptive fuzzy control of a class of nonlinear systems. IEEE Transactions on Fuzzy Systems, 2001, 9: 624-636.

[20] Li H X, Miao Z H, Lee E S. Variable universe stable adaptive fuzzy control of a nonlinear system. Computers and Mathematics with Applications, 2002, 44: 799-815.

[21] Tong S, Chai T, Shao C. An adaptive sliding mode fuzzy control for nonlinear systems. IEEE International Conference on Fuzzy Systems, 1996, 1: 49-54.

[22] Farmer J D. Sensitive dependence on parameters in nonlinear dynamics. Physical Review Letters, 1985, 55: 351-354.

[23] Moon F C. Chaotic and Fractal Dynamics: An Introduction for Applied Scientists and Engineers. New York: Wiley, 1992.

[24] Ott E. Chaotic in Dynamical Systems. Cambridge: Cambridge University Press, 1993.

[25] Guckenheimer J, Holmes P. Nonlinear Oscillations, Dynamical Systems, and Bifurcations of Vector Fields. New York: Springer, 1985.

[26] Pettini M. Controlling chaos through parametric excitations. Lecture Notes in Physics, 1990, 355: 242-250.

[27] Fowler T B. Application of stochastic control techniques to chaotic nonlinear systems. IEEE Transactions on Automatic Control, 1989, 34: 201-205.

[28] Ott E, Grebogi C, Yorke J A. Controlling chaos. Physical Review Letters, 1990, 64: 1196-1199.

[29] Pecora L M, Caroll T L. Synchronization in chaotic systems. Physical Review Letters, 1990, 64: 821-824.

[30] Sinha S, Ramaswamy R, Rao J S. Adaptive control in nonlinear dynamics. Physica D: Nonlinear Phenomena, 1990, 43: 118-128.

[31] Christini D J, Collins J J. Real-time, adaptive, model-independent control of low-dimensional chaotic and nonchaotic dynamical systems. IEEE Transactions on Circuits Systems, 1997, 44: 1027-1030.

[32] Pyragas K. Continuous control of chaos by self-controlling feedback. Physics Letters A, 1992, 170: 421-428.

[33] Chen G R, Dong X N. On feedback control of chaotic nonlinear dynamical systems. Internal Journal of Bifurcation and Chaos, 1992, 2: 407-412.

[34] Frison T W. Controlling chaos with a neural network// International Joint Conference on Neural Networks, Baltimore, 1992, 2:75-80.

[35] Braiman Y, Goldhirsch I. Taming chaotic dynamic with weak periodic perturbations. Physical Review Letters, 1991, 66: 2545-2548.

[36] 王文杰, 王光瑞, 陈式刚. 储存环形自由电子激光器光场混沌的控制. 物理学报, 1995, 44: 862-870.

[37] Pecora L M, Carroll T L. Synchronization in chaotic systems. Physical Review Letters, 1990, 64: 821-824.

[38] Carroll T L, Perora L M. Synchronizing chaotic circuits. IEEE Transactions on Circuits and

Systems, 1991, 38: 453-456.

[39] Nijmeijer H, Mareels I M Y. An observer looks at synchronization. IEEE Transactions on Circuits and Systems, 1997, 44: 882-890.

[40] Lindner J F, Ditto W L. Removal suppression, and control of chaos by nonlinear design. Applied Mechanics Review, 1995, 48:795-808.

[41] Boccaletti S, Kurths J, Osipov G, et al. The synchronization of chaotic systems. Physics Reports, 2002, 366: 1-101.

[42] Chen G R, Dong X N. From chaos to order: Perspectives and methodologies in controlling chaotic nonlinear dynamical systems. International Journal of Bifurcation and Chaos, 1993, 3: 1363-1409.

[43] Zhang J X, Tang W S. Control and synchronization for a class of new chaotic systems via linear feedback. Nonlinear Dynamics, 2009, 58: 675-686.

[44] Ozer M, Perc M, Uzuntarla M. Stochastic resonance on Newman-Watts networks of Hodgkin-Huxley neurons with local periodic driving. Physics Letters A, 2009, 373: 964-968.

[45] Perc M. Optimal spatial synchronization on scale-free networks via noisy chemical synapses. Biophysical Chemistry, 2009, 141: 175-179.

[46] Vladislav V, Matjaz P, Maxim B. Gap junctions and epileptic seizures-two sides of the same coin?. Journal of Superconductivity and Novel Magnetism, 2011, 6(5): e20572.

[47] Garcia-Ojalvo J, Roy R. Spatiotemporal communication with synchronized optical chaos. Physical Review Letters, 2001, 86: 5204.

第 2 章 基 本 知 识

2.1 扩展的模糊逻辑系统

本书主要考虑两种类型的模糊逻辑系统，解决带有不确定性的复杂动态系统稳定和同步控制问题。

（1）T-S 型模糊逻辑系统 F，带有如下形式的（q 条）模糊规则，其中第 l 条规则为

If x_1 is A_1^l and x_2 is A_2^l and $\cdots$ and x_n is A_n^l, Then $y^l = f^l(x)$, $l = 1, 2, \cdots, q$

$$(2\text{-}1)$$

其中，$y^l = f^l(x)$ 表示连续函数，$x = (x_1, x_2, \cdots, x_n)^{\mathrm{T}} \in U \subseteq \mathbf{R}^n$，$U$ 是论域；特殊情况是后件为线性形式 $y^l = a_0^l + a_1^l(x_1 - r_1^l) + a_2^l(x_2 - r_2^l) + \cdots + a_n^l(x_n - r_n^l)$。

（2）Mamdani 型的模糊逻辑系统 F，带有如下形式的（q 条）模糊规则，其中第 l 条规则为

If x_1 is A_1^l and x_2 is A_2^l and $\cdots$ and x_n is A_n^l, Then y is B_l，$l = 1, 2, \cdots, q$

$$(2\text{-}2)$$

其中，B_l 表示论域 $V \subseteq \mathbf{R}$ 上的模糊集合。

本书以上列两类模糊逻辑系统为基础，构造了扩展模糊逻辑系统。

定义 2.1 一个 $\mathbf{R}^n$ 到 $\mathbf{R}^n$ 的映射 $f: z \mapsto \lambda z$ 称为伸缩器（compressor），记为 $f(z) = \lambda z$，其中 $z \in \mathbf{R}^n$，实数 λ 称为伸缩因子。

定义 2.2 一个 $\mathbf{R}^n$ 到 $\mathbf{R}^n$ 的映射 $\lim: z \mapsto \lim(z)$ 称为（矢量）饱和器，其中 $z = (z_1, \cdots, z_n)^{\mathrm{T}} \in \mathbf{R}^n$，$\lim(z) = (\lim(z_1), \cdots, \lim(z_n))^{\mathrm{T}}$，$\lim(z_i) = \begin{cases} -\alpha_i, & z_i < -\alpha_i \\ z_i, & |z_i| \leqslant \alpha_i \\ \alpha_i, & z_i > \alpha_i \end{cases}$，$i = 1, 2, \cdots, n$，

这里 α_i 为正常数。记 $\alpha = \min_{1 \leqslant i \leqslant n} \{\alpha_i\}$，$\alpha$ 称为（矢量）饱和器 $\lim(z)$ 的最小饱和度。

2.1.1 扩展 T-S 型模糊逻辑系统

利用伸缩器和饱和器将常规的 T-S 型模糊逻辑系统（2-1）进行改造，得到如图 2-1 所示的扩展 T-S 型模糊逻辑系统。

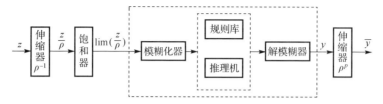

图 2-1 带有伸缩器和饱和器的模糊逻辑系统 I

其中，输入端伸缩器的伸缩因子为 $\dfrac{1}{\rho}$；输出端伸缩器的伸缩因子为 ρ^p，p 是非零实数；输入端饱和器的最小饱和度为 α。

定义 2.3 将图 2-1 所示的系统称为模糊逻辑系统 F 的 p 次扩展模糊逻辑系统（expanded fuzzy logic system，EFLS），简记为 EFLS(F, p)。

如果采用单点模糊化、乘积推理与中心解模糊，图 2-1 所示 EFLS(F, p) 的输出为

$$\bar{y} = \rho^p F\left(\lim\left(\frac{z}{\rho}\right)\right) = \rho^p \frac{\displaystyle\sum_{l=1}^{q} y^l \prod_{i=1}^{n} A_i^l\left(\lim\left(\frac{z_i}{\rho}\right)\right)}{\displaystyle\sum_{l=1}^{q} \prod_{i=1}^{n} A_i^l\left(\lim\left(\frac{z_i}{\rho}\right)\right)} \tag{2-3}$$

其中，$y^l = f^l(x)$。

注 2.1 图 2-1 所示的模糊逻辑系统的工作原理为：左端输入量 z 通过伸缩因子的作用将其大小控制在饱和器的要求范围内，然后输入到模糊逻辑系统中产生一个输出量 y，该输出量再通过伸缩因子的作用进行适当恢复产生最终输出量 $\bar{y}$。

引理 2.1 考虑在 $\mathbf{R}^n$ 上连续的 p_j 次齐次函数 $\psi_j(z)$，即对任意实数 λ 满足 $\psi_j(\lambda z) = \lambda^{p_j} \psi_j(z)$。如果存在 j 个模糊逻辑系统 F_j 以逼近精度 N_j 逼近 $\psi_j(z)$，那么在紧致域 $\bar{V} = \{z \mid \|z\| \leqslant |\rho|\beta, z \in \mathbf{R}^n\}$ 上对于图 2-1 所示的 EFLS(F, p_j) 的输出满足

$$\sup_{\|z\| \leqslant |\rho|\beta} \left| \psi_j(z) - \rho^{p_j} F_j\left(\frac{z}{\rho}\right) \right| \leqslant |\rho|^{p_j} N_j, \quad j = 0, 1, 2, \cdots, k \tag{2-4}$$

证明： 注意到引理 2.1 的前提条件，有 $\psi_j(z) - \rho^{p_j}\psi_j\left(\dfrac{z}{\rho}\right) = 0$，因此当 $z \in \{z \mid \|z\| \leqslant |\rho|\alpha\}$ 时，由式（2-4）可知如下不等式成立：

$$\left| \psi_j(z) - \rho^{p_j} F_j\left(\frac{z}{\rho}\right) \right| = \left| \psi_j(z) - \rho^{p_j}\psi_j\left(\frac{z}{\rho}\right) + \rho^{p_j}\left[\psi_j\left(\frac{z}{\rho}\right) - F_j\left(\frac{z}{\rho}\right)\right] \right|$$

$$\leqslant \left| \psi_j(z) - \rho^{p_j}\psi_j\left(\frac{z}{\rho}\right) \right| + |\rho|^{p_j} \left| \psi_j\left(\frac{z}{\rho}\right) - F_j\left(\frac{z}{\rho}\right) \right|$$

$$= |\rho|^{p_j} \left| \psi_j \left(\frac{z}{\rho} \right) - F_j \left(\frac{z}{\rho} \right) \right| \leqslant |\rho|^{p_j} N_j \tag{2-5}$$

引理 2.1 得证。

2.1.2　扩展 Mamdani 型模糊逻辑系统

定义 2.4　图 2-2 所示的模糊逻辑系统称为扩展模糊逻辑系统并记为 EFLS。采用单点模糊化、乘积推理与中心解模糊，扩展模糊逻辑系统 EFLS 可以表示为

$$y = F \left(\lim \left(\frac{z}{\rho} \right) \right) = \frac{\sum\limits_{l=1}^{q} y^l \prod\limits_{i=1}^{n} A_i^l \left(\lim \left(\frac{z_i}{\rho} \right) \right)}{\sum\limits_{l=1}^{q} \prod\limits_{i=1}^{n} A_i^l \left(\lim \left(\frac{z_i}{\rho} \right) \right)} \tag{2-6}$$

其中，$y^l = \arg\max\limits_{y \in V} \{B_l(y)\}$。

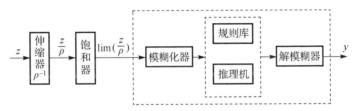

图 2-2　带有伸缩器和饱和器的模糊逻辑系统 II

注 2.2　图 2-1 和图 2-2 中的扩展模糊逻辑系统的工作原理相似，区别是图 2-2 中的扩展模糊逻辑系统的输出不需要添加伸缩器对输入信号实现恢复。因此，这两种扩展模糊逻辑系统是适应于不同性质的不确定非线性复杂动态系统控制。

引理 2.2　考虑 $\mathbf{R}^n$ 上的一连续不确定非线性函数 $\xi(z)$，并满足 Lipschitz 条件，且 Lipschitz 系数为 Θ。如果存在一模糊逻辑系统 $\overline{F}$ 使得 $\sup\limits_{z \in \tilde{V}} \left| \xi(z) - \overline{F}(z) \right| \leqslant M$ 成立，其中 $\tilde{V} = \{z \mid \|z\| \leqslant |\rho|\alpha, z \in \mathbf{R}^n\}$，那么有如下的不等式成立：

$$\sup\limits_{\|z\| \leqslant |\rho|\alpha} \left| \xi(z) - \overline{F} \left(\frac{z}{\rho} \right) \right| \leqslant \Theta \alpha |\rho - 1| + M \tag{2-7}$$

证明：由于 $\xi(z)$ 满足系数为 Θ 的 Lipschitz 条件，很明显有 $\left| \xi(z) - \xi \left(\frac{z}{\rho} \right) \right| \leqslant$

$\Theta \left\| z - \dfrac{z}{\rho} \right\|$。如果 $z \in \{z \mid \|z\| \leqslant |\rho|\alpha\}$ 成立，则有

$$\left| \xi(z) - \overline{F}\left(\frac{z}{\rho}\right) \right| = \left| \xi(z) - \xi\left(\frac{z}{\rho}\right) + \xi\left(\frac{z}{\rho}\right) - \overline{F}\left(\frac{z}{\rho}\right) \right|$$

$$\leqslant \left| \xi(z) - \xi\left(\frac{z}{\rho}\right) \right| + \left| \xi\left(\frac{z}{\rho}\right) - \overline{F}\left(\frac{z}{\rho}\right) \right| \leqslant \Theta \left\| z - \frac{z}{\rho} \right\| + \left| \xi\left(\frac{z}{\rho}\right) - \overline{F}\left(\frac{z}{\rho}\right) \right|$$

$$= \Theta \frac{\|z\|}{|\rho|} |\rho - 1| + \left| \xi\left(\frac{z}{\rho}\right) - \overline{F}\left(\frac{z}{\rho}\right) \right| \leqslant \Theta \alpha |\rho - 1| + M \qquad (2\text{-}8)$$

引理 2.2 证毕。

注 2.3 （1）伸缩因子 ρ 的变化会影响整个扩展模糊逻辑系统的输出，通过调整伸缩因子 ρ 使系统的输出按照希望的目的变化，整个系统就只需要实时调整一个参数，这就减少了以往因引入模糊逻辑系统所带来的众多被调节参数的数目。

（2）如果利用图 2-1 和图 2-2 中的扩展模糊逻辑系统设计控制器，那么仅有两个与模糊逻辑系统相关的参数需要在线调整，一个是伸缩因子，另一个是逼近精度。这种设计方法的优点是自适应参数少，运算能力比其他文献中所给方法强。

2.1.3　适用于轨迹跟踪的扩展模糊逻辑系统

利用下列扩展模糊逻辑系统结构设计跟踪模糊自适应控制器。

图 2-3 中，$\overline{x}$ 是测量到的系统状态向量。如果使系统的输出向量跟踪给定的跟踪信号 y_r，记 $\overline{y}_r = (y_r, \dot{y}_r, \cdots, y_r^{(n-1)})^{\mathrm{T}}$，则可以构造如图 2-4 所示的扩展模糊逻辑系统。

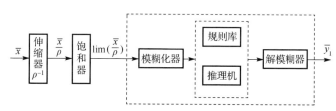

图 2-3　带有伸缩器和饱和器的模糊逻辑系统Ⅲ

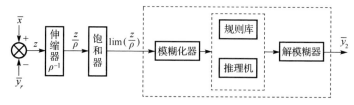

图 2-4　带有伸缩器和饱和器跟踪轨迹 $\overline{y}_r$ 的模糊逻辑系统

注 2.4 图 2-4 的工作原理为：①输入状态向量 $\overline{x}$ 和一个给定的信号向量 $\overline{y}_r$，首先输入到一个加法器中，然后产生一系列信号 $z = (e, \dot{e}, \cdots, e^{(n-1)})^{\mathrm{T}} \in \tilde{V} \in \mathbf{R}^n$；②伸缩器

将从加法器中输出的向量 z 控制在饱和器的要求范围内，然后输入到模糊逻辑系统中产生一个输出量 $\bar{y}_2$。

定义 2.5 图 2-3 和图 2-4 的输出采用单点模糊化、乘积推理与中心解模糊，可以分别表示为

$$\bar{y}_1 = F_1\left(\lim\left(\frac{\bar{x}}{\rho}\right)\right) = \frac{\sum_{l=1}^{p} y^l \prod_{i=1}^{n} A_i^l\left(\lim\left(\frac{x_i}{\rho}\right)\right)}{\sum_{l=1}^{p} \prod_{i=1}^{n} A_i^l\left(\lim\left(\frac{x_i}{\rho}\right)\right)} \tag{2-9}$$

$$\bar{y}_2 = F_2\left(\lim\left(\frac{z}{\rho}\right)\right) = \frac{\sum_{l=1}^{p} y^l \prod_{i=1}^{n} A_i^l\left(\lim\left(\frac{z_i}{\rho}\right)\right)}{\sum_{l=1}^{p} \prod_{i=1}^{n} A_i^l\left(\lim\left(\frac{z_i}{\rho}\right)\right)} \tag{2-10}$$

引理 2.3 考虑在 $\mathbf{R}^n$ 上的两个不确定非线性函数 $\xi_1(\bar{x})$ 和 $\xi_2(z)$，并满足 Lipschitz 条件，Lipschitz 参数分别为 Θ_1 和 Θ_2。如果存在两个模糊逻辑系统 $\bar{F}_1$ 与 $\bar{F}_2$ 分别满足 $\sup_{\bar{x}\in\tilde{V}_1}\left|\xi_1(\bar{x}) - \bar{F}_1(\bar{x})\right| \leq M_1$，$\sup_{z\in\tilde{V}_2}\left|\xi_2(z) - \bar{F}_2(z)\right| \leq M_2$，其中 $\tilde{V}_1 = \{\bar{x} \mid \|\bar{x}\| \leq |\rho|\alpha, \bar{x}\in\mathbf{R}^n\}$，$\tilde{V}_2 = \{z \mid \|z\| \leq |\rho|\alpha, z\in\mathbf{R}^n\}$，则有如下的逼近性质成立：

$$\sup_{\|\bar{x}\|\leq\rho|\alpha}\left|\xi_1(\bar{x}) - \bar{F}_1\left(\frac{\bar{x}}{\rho}\right)\right| \leq \Theta_1\alpha|\rho-1| + M_1 \tag{2-11}$$

$$\sup_{\|z\|\leq\rho|\alpha}\left|\xi_2(z) - \bar{F}_2\left(\frac{z}{\rho}\right)\right| \leq \Theta_2\alpha|\rho-1| + M_2 \tag{2-12}$$

证明： 过程类似于引理 2.2（略）。

2.2 预 备 知 识

引理 2.4 令 a、b 代表实数且 $|a| < 1$，则 $x = \dfrac{b}{1 + a \cdot \text{sign}(b)}$ 是方程 $x + a|x| = b$ 的一个解，其中符号函数 $\text{sign}(b) = \begin{cases} 1, & b > 0 \\ 0, & b = 0 \\ -1, & b < 0 \end{cases}$。

引理 2.5[1] 对于任意向量 $x, y \in \mathbf{R}^{n\times n}$ 和正定矩阵 $W \in \mathbf{R}^{n\times n}$，有不等式 $2x^\mathrm{T}y \leq x^\mathrm{T}Wx + y^\mathrm{T}W^{-1}y$ 成立。

引理 2.6[2]　对于给定的对称矩阵 $S = \begin{bmatrix} S_{11} & S_{12} \\ S_{12}^{\mathrm{T}} & S_{22} \end{bmatrix}$，以下 3 个条件是等价的：① $S < 0$；

② $S_{11} < 0$，$S_{22} - S_{12}^{\mathrm{T}} S_{11}^{-1} S_{12} < 0$；③ $S_{22} < 0$，$S_{11} - S_{12} S_{22}^{-1} S_{12}^{\mathrm{T}} < 0$。

参 考 文 献

[1]　Lu J Q, Cao J D. Synchronization-based approach for parameters identification in delayed chaotic neural network. Physical A: Statistical Mechanics and its Applications, 2007, 382: 672-682.

[2]　Boyd S, Ghaoui L E, Feron E, et al. Linear Matrix Inequality in System and Control Theory. Philadelphia: SIAM, 1994.

第3章 一类齐次性质的不确定性非线性系统 模糊自适应镇定控制

近年来，模糊自适应控制的理论成果受到了许多学者的关注[1-11]。这些研究成果所使用方法的一个共同特点是将被逼近的非线性项表示为带有误差的某些模糊基函数的线性组合，然后利用自适应技术估计基函数的线性组合系数和逼近精度来设计自适应控制器，因此这类方法所涉及的自适应参数的多少完全由模糊规则的数目决定，然而大量的模糊规则会导致太多的在线调节自适应参数，这将会引起控制过程延迟而发生失控现象。

针对上述问题，文献[12]～[16]对一类具有严格反馈形式的系统，利用向量范数将模糊逻辑系统后件输出参数归一化而设计自适应律，使在线调节自适应参数的数目大幅度减少。但是，这种方法也有使模糊逻辑系统的输入变量数目增大的缺点。另外，这些研究成果中的自适应律的构造建立在模糊逻辑系统的输出具有线性化参数的基础上，所以只适用于常用的一类单点模糊化、乘积推理、中心解模糊的Mamdani型或T-S型模糊逻辑系统，对于基于非规则的模糊逻辑系统，如"推理模糊逻辑系统"[17]、"正规模糊逻辑系统"[18]和"三I形式的模糊逻辑系统"[19]，其输出一般不能够表示成基函数的线性组合，因而上述文献所给出的自适应控制方法不适合这些系统。因此，一个值得研究的问题是，如何给出一种设计自适应控制的方法，使其不但适用于那些输出可以表示为某些基函数线性组合的模糊逻辑系统，而且适用于其他形式的模糊逻辑系统。

如果从计算的角度来看待模糊逻辑系统，此时模糊逻辑系统可以看作函数逼近器，不论模糊逻辑系统本身是否拥有规则，逼近精度是衡量其质量好坏的一个重要定量指标。如果只将逼近精度作为在线估计调节的参数，那么所构造的自适应律就和模糊逻辑系统的内部逻辑构造无关，因而自适应律的数目就会大大减少。当然，仅靠逼近精度作为在线估计调节的参数还不能完全解决自适应控制的设计问题，我们的想法是在模糊逻辑系统输入-输出端引入适当的外部装置，这些装置带有可调的参数,通过在线调节这些外部参数和逼近精度就有可能完成自适应控制的设计任务。

3.1 系统描述与基本假定

本节考虑如下的单输入单输出系统：

$$x^{(n)} = g(z,t) + h[u + \Delta h(z,t)] \tag{3-1}$$

其中，系统输出 $y = x$；u 为控制输入；系统状态矢量 $z = (x, \dot{x}, \cdots, x^{(n-1)})^{\mathrm{T}} \in \tilde{V} \subseteq \mathbf{R}^n$，$\tilde{V}$ 是有界闭集；$g(z,t)$ 是未知连续的实函数；h 未知正常数；$\Delta h = \Delta h(z,t)$ 是未知连续的实函数。

在本节中，利用加载了伸缩器和饱和器的 T-S 型模糊逻辑系统（图 2-1）作为非线性系统（3-1）的镇定控制器，通过设计伸缩因子和逼近精度估计值的调节规律完成系统的镇定任务。为此，需要将系统（3-1）改写为如下形式：

$$\dot{z} = Az + B\{g(z,t) + h[u + \Delta h(z,t)]\} \tag{3-2}$$

其中，$A = \begin{bmatrix} O & I_{n-1} \\ 0 & O^{\mathrm{T}} \end{bmatrix}$；$B = [O^{\mathrm{T}} \quad 1]^{\mathrm{T}}$。这里 O 表示元素全为 0 的 $n-1$ 阶列矢量，I_{n-1} 表示 $n-1$ 阶单位矩阵。

从式（3-2）中可以看出，矩阵对 (A,B) 是可控的，因此存在 $1 \times n$ 阶矩阵 K 使 $A + BK$ 是 Hurwitz 矩阵，并且对于任意给定的正定矩阵 Q，下列 Lyapunov 方程有唯一正定矩阵解 P：

$$(A+BK)^{\mathrm{T}}P + P(A+BK) = -Q \tag{3-3}$$

假设 3.1 （1）在有界闭集 $\tilde{V}$ 上，$g(z,t) = \sum_{i=1}^{k} g_{p_i}(z) + s(z,t)$，其中，$g_{p_i}(z)$ 为次数已知的 p_i 次齐次连续函数，即对于任意实数 α 满足 $g_{p_i}(\alpha z) = \alpha^{p_i} g_{p_i}(z)$；$s(z,t)$ 为连续函数并满足 $|s(z,t)| \leq \phi(z,t)$，这里 $\phi(z,t)$ 是已知的连续函数。

（2）在有界闭集 $\tilde{V}$ 上，存在已知的正常数 $h_{\min}$、$h_{\max}$ 使 $0 < h_{\min} \leq h \leq h_{\max}$；存在已知的非负连续函数 $\varphi(z,t)$ 满足 $|\Delta h| \leq \varphi(z,t) < \eta$，其中 η 是正常数。

注 3.1 函数 $\sum_{i=1}^{k} g_{p_i}(z) + s(z,t)$ 可以看作非线性光滑函数 $g(z,t)$ 在 $z = 0$ 点的泰勒展开式，其中 $\sum_{i=1}^{k} g_{p_i}(z)$ 是有限截取项，$s(z,t)$ 是余项。

假设 3.2 （1）针对系统（3-2），具有最小饱和度 β 的饱和器满足 $\{y | \|y\| \leq \beta\} \subseteq \tilde{V}$。

（2）在假设 3.1 成立的前提下，在有界论域 $\tilde{V}$ 上存在 k 个模糊逻辑系统 F_i 和未知正实数 N_i 满足 $\sup_{y \in \tilde{V}} |\Delta_i(z) - F_i(z)| \leq N_i$，这里 $\Delta_i(z) = \dfrac{h_{\max}}{h} g_{p_i}(z)$（$i = 1, 2, \cdots, k$）。

（3）在有界论域 $\tilde{V}$ 上存在模糊逻辑系统 F_0 和未知正实数 N_0 满足 $\sup_{y \in \tilde{V}} |\Delta_0(z) - F_0(z)| \leq N_0$，这里 $\Delta_0(z) = -\dfrac{h_{\max}}{h} Kz$。矩阵 K 是能保证 $A + BK$ 为 Hurwitz 稳定的矩阵。

注 3.2 在假设 3.1 中，可以看出，$\Delta_i(z)$ 是 p_i 次齐次连续函数，$\Delta_0(z)$ 是 1 次齐

次连续函数。如果这些函数是光滑的，那么有如下欧拉公式[20]：

$$\sum_{k=1}^{n} \frac{\partial \Delta_j(z)}{\partial z_k} z_k = p_j \Delta_j(z), \quad j = 0, 1, 2, \cdots, k \tag{3-4}$$

式（3-4）用来辅助构造形如式（2-1）的 T-S 型模糊逻辑系统的规则（详细过程见本章数值算例）。

在工程实践中，逼近精度 N_j 一般未知，记 $\hat{N}_j = \hat{N}_j(t)$ 是 N_j 的估计值，估计误差 $\tilde{N}_j = \hat{N}_j - N_j$；为方便起见，引入参数向量 $N = (N_0, N_1, \cdots, N_k)^{\mathrm{T}}$，估计误差向量 $\tilde{N} = (\tilde{N}_0, \tilde{N}_1, \cdots, \tilde{N}_k)^{\mathrm{T}}$，估计值向量 $\hat{N} = (\hat{N}_0, \hat{N}_1, \cdots, \hat{N}_k)^{\mathrm{T}}$。

现在，考虑如下的扩展（闭环）系统：

$$\dot{z} = Az + B[g + h(u + \Delta h)] \tag{3-5}$$

$$\dot{\rho} = \theta(z, \rho, \hat{N}) \tag{3-6}$$

$$\dot{\hat{N}} = \chi(z, \rho, \hat{N}) \tag{3-7}$$

$$u = u(z, \rho) \tag{3-8}$$

扩展系统的状态为 $\mathbb{Z} = (z^{\mathrm{T}}, \rho, \hat{N}^{\mathrm{T}})^{\mathrm{T}}$，其中的映射 $\theta(*)$（伸缩因子调节律）、$\chi(*)$（逼近精度参数估计自适应律）与控制器 $u = u(z, \rho)$ 是根据下列控制任务而设计的。

控制任务：通过设计合适的控制器（3-8）、伸缩因子调节律（3-6）、参数估计自适应律（3-7），使状态变量 $\mathbb{Z} = (z^{\mathrm{T}}, \rho, \hat{N}^{\mathrm{T}})^{\mathrm{T}}$ 一致终极有界。

3.2　主　要　结　论

针对控制任务，下面分两种情形设计相应的控制器、伸缩因子 $\rho = \rho(t)$ 的调节律及关于估计量 $\hat{N} = \hat{N}(t)$ 的自适应律以保证 $\mathbb{Z} = (z^{\mathrm{T}}, \rho, \hat{N}^{\mathrm{T}})^{\mathrm{T}}$ 一致终极有界。

情形（1）：$\|z\| > |\rho| \beta$。

在这种情形下，采用开环控制，即 $u = 0$，启用模糊逻辑系统 F_j 逼近 p_j 次齐次连续函数 $\Delta_j(z) (j = 0, 1, 2, \cdots, k)$，同时采用如下伸缩因子 $\rho = \rho(t)$ 的调节律和参数估计 $\hat{N} = \hat{N}(t)$ 的自适应律：

$$\rho \dot{\rho} = \frac{1}{2\beta^2} \left\{ l + 2\sqrt{n-1} \|z\|^2 + 2\|z\| \cdot \left[\sum_{i=1}^{k} \hat{N}_i + \sum_{i=1}^{k} |F_i(z)| + \phi(z, t) + h_{\max} \cdot \eta \right] \right\} \tag{3-9}$$

$$\dot{\hat{N}}_0 = 0, \quad \dot{\hat{N}}_i = 2\varepsilon \|z\|, \quad i = 1, 2, \cdots, k \tag{3-10}$$

其中，l，ε 是可调正常数。

引理 3.1　考虑扩展系统（3-5）～（3-8），如果假设 3.1 与条件 $\|z\| > |\rho|\beta$ 成立，则在开环控制 $u = 0$、伸缩因子调节律（3-9）和自适应律（3-10）的作用下，扩展系统（3-5）～（3-8）的状态 $\mathbb{Z} = (z^{\mathrm{T}}, \rho, \hat{N}^{\mathrm{T}})^{\mathrm{T}}$ 能够在有限时间内到达闭区域 $D = \left\{ \mathbb{Z} \middle| \|z\| \leqslant |\rho|\beta \right\}$。

证明：引入记号 $s = s(z, \rho, \tilde{N}) = \|z\|^2 - \rho^2\beta^2 + 0.5\varepsilon^{-1}\tilde{N}^{\mathrm{T}}\tilde{N}$。容易验证情形（1）的条件 $\|z\| > |\rho|\beta$ 意味着 $s > 0$。考虑关于 s 的正定函数 $V = \dfrac{1}{2}s^2$，因为 $\|A\| = \sqrt{n-1}$，$\|B\| = 1$，由 $\Delta_j(z)$ $(j = 0, 1, 2, \cdots, k)$ 的定义、假设 3.1、$\rho = \rho(t)$ 的调节律（3-9）和自适应律（3-10），则 V 沿扩展系统（3-5）～（3-8）的轨道导数为

$$\dot{V} = s\dot{s} = s[\dot{z}^{\mathrm{T}}z + z^{\mathrm{T}}\dot{z} - 2\rho\dot{\rho}\beta^2 + \varepsilon^{-1}\tilde{N}^{\mathrm{T}}\dot{\tilde{N}}]$$

$$= s\left\{ 2z^{\mathrm{T}}Az + 2z^{\mathrm{T}}B\left[\sum_{i=1}^{k} g_{p_i}(z) + s(z,t) + h\Delta h \right] - 2\rho\dot{\rho}\beta^2 + \varepsilon^{-1}\tilde{N}^{\mathrm{T}}\dot{\tilde{N}} \right\}$$

$$\leqslant s\left\{ 2\sqrt{n-1}\|z\|^2 + 2\|z\| \cdot \left[\left| \sum_{i=1}^{k} g_{p_i}(z) \right| + \phi(z,t) + h\Delta h \right] - 2\rho\dot{\rho}\beta^2 + \varepsilon^{-1}\tilde{N}^{\mathrm{T}}\dot{\tilde{N}} \right\}$$

$$= s\left[2\sqrt{n-1}\|z\|^2 + 2\|z\| \cdot \frac{h}{h_{\max}} \cdot \left| \sum_{i=1}^{k} \Delta_i(z) \right| + 2\|z\|\phi(z,t) + 2\|z\|h\Delta h - 2\rho\dot{\rho}\beta^2 + \varepsilon^{-1}\tilde{N}^{\mathrm{T}}\dot{\tilde{N}} \right]$$

$$\leqslant s\left[2\sqrt{n-1}\|z\|^2 + 2\|z\| \cdot \left| \sum_{i=1}^{k} \Delta_i(z) \right| + 2\|z\| \cdot \phi(z,t) + 2\|z\| \cdot h_{\max} \cdot \eta - 2\rho\dot{\rho}\beta^2 + \varepsilon^{-1}\tilde{N}^{\mathrm{T}}\dot{\tilde{N}} \right]$$

$$\leqslant s\left\{ 2\sqrt{n-1}\|z\|^2 + 2\|z\| \cdot \left| \sum_{i=1}^{k} [\Delta_i(z) - F_i(z)] \right| + 2\|z\|\left[\sum_{i=1}^{k} |F_i(z)| + \phi(z,t) \right] + 2\|z\| \cdot h_{\max} \cdot \eta \right.$$

$$\left. -2\rho\dot{\rho}\beta^2 + \varepsilon^{-1}\tilde{N}^{\mathrm{T}}\dot{\tilde{N}} \right\}$$

$$\leqslant s\left\{ 2\sqrt{n-1}\|z\|^2 + 2\|z\| \cdot \sum_{i=1}^{k} (\hat{N}_i - \tilde{N}_i) + 2\|z\|\left[\sum_{i=1}^{k} |F_i(z)| + \phi(z,t) \right] + 2\|z\| \cdot h_{\max} \cdot \eta \right.$$

$$\left. -2\rho\dot{\rho}\beta^2 + \varepsilon^{-1}\sum_{i=1}^{k} \tilde{N}_i\dot{\hat{N}}_i + \varepsilon^{-1}\tilde{N}_0\dot{\hat{N}}_0 \right\}$$

$$= s\left\{ 2\sqrt{n-1}\|z\|^2 + 2\|z\| \cdot \sum_{i=1}^{k} \hat{N}_i + 2\|z\|\left[\sum_{i=1}^{k} |F_i(z)| + \phi(z,t) \right] + 2\|z\| \cdot h_{\max} \cdot \eta \right.$$

$$-2\rho\dot{\rho}\beta^2 + \varepsilon^{-1}\sum_{i=1}^{k}\tilde{N}_i(\dot{\hat{N}}_i - 2\|z\|\varepsilon) + \varepsilon^{-1}\tilde{N}_0\dot{\hat{N}}_0\Bigg\}$$

$$= -ls \tag{3-11}$$

此时式（3-11）意味着扩展系统（3-5）～（3-8）的状态 $\mathbb{Z} = (z^{\mathrm{T}}, \rho, \hat{N}^{\mathrm{T}})^{\mathrm{T}}$ 能够在有限时间内到达曲面 $s = 0^{[21]}$，注意到 $\{\mathbb{Z}|s=0\} \subseteq D$，引理 3.1 得证。

情形（2）：$\|z\| \leqslant |\rho|\beta$。

在这种情形下，启用形如图 2-1 的带有伸缩器和饱和器的模糊逻辑系统 EFLS $(F_j, p_j)(j=0,1,2,\cdots,k)$；考虑如下控制器，主要用来逼近 $g(z,t)$ 中的未知函数部分：

$$u = -\frac{1}{h_{\max}}\sum_{j=0}^{k}\rho^{p_j}F_j\left(\frac{z}{\rho}\right) \tag{3-12}$$

伸缩因子 ρ 的调节律：

$$\dot{\rho} = -\frac{\lambda_{\min}(Q)}{2\lambda_{\max}(P)}\rho - 2\lambda\beta\|PB\|\left(\sum_{j=0}^{k}|\rho|^{p_j}\hat{N}_j\right)\widehat{\mathrm{sign}}(\rho)$$

$$-2\lambda\beta\widehat{\mathrm{sign}}(\rho)\|PB\|[\phi(z,t) + h_{\max}\eta] \tag{3-13}$$

其中，λ 是可调正常数；函数 $\widehat{\mathrm{sign}}(\rho)$ 定义为 $\widehat{\mathrm{sign}}(\rho) = \begin{cases} 1, \rho > 0 \\ -1, \rho < 0 \end{cases}$。

$\hat{N}_j = \hat{N}_j(t)$ 的自适应律：

$$\dot{\hat{N}}_j = -\frac{\lambda_{\min}(Q)}{\lambda_{\max}(P)}\hat{N}_j + 2\delta\beta\rho\|PB\|\cdot|\rho|^{p_j}\widehat{\mathrm{sign}}(\rho), \quad j = 0,1,2,\cdots,k \tag{3-14}$$

其中，δ 为可调的正常数。

引理 3.2 考虑扩展系统（3-5）～（3-8），如果假设 3.1 与条件 $\|z\| \leqslant |\rho|\beta$ 成立，则在控制器（3-12）、伸缩因子调节律（3-13）与自适应律（3-14）的作用下，扩展系统（3-5）～（3-8）的状态 $\mathbb{Z} = (z^{\mathrm{T}}, \rho, \hat{N}^{\mathrm{T}})^{\mathrm{T}}$ 一致终极有界。

证明： 考虑正定函数 $V(t) = z^{\mathrm{T}}Pz + \frac{1}{2\lambda}\rho^2 + \frac{1}{2\delta}\sum_{j=0}^{k}\tilde{N}_j^2$，在假设 3.1 与假设 3.2 成立的条件下，$V(t)$ 沿扩展系统（3-5）～（3-8）的导数为

$$\dot{V} = 2z^{\mathrm{T}}P\dot{z} + \lambda^{-1}\rho\dot{\rho} + \delta^{-1}\sum_{j=0}^{k}\tilde{N}_j\dot{\tilde{N}}_j$$

$$= 2z^{\mathrm{T}}PAz + 2z^{\mathrm{T}}PB\left[\sum_{i=1}^{k}g_{p_i}(z,t) + s(z,t)\right] + 2z^{\mathrm{T}}PBh(u + \Delta h) + \lambda^{-1}\rho\dot{\rho} + \delta^{-1}\sum_{j=0}^{k}\tilde{N}_j\dot{\hat{N}}_j$$

$$= 2z^{\mathrm{T}}PAz + 2z^{\mathrm{T}}PBKz + 2z^{\mathrm{T}}PB\left[\sum_{i=1}^{k} g_{p_i}(z,t) - Kz\right] + 2z^{\mathrm{T}}PB[s(z,t) + hu + h\Delta h]$$

$$+ \lambda^{-1}\rho\dot{\rho} + \delta^{-1}\sum_{j=0}^{k}\tilde{N}_j\dot{\tilde{N}}_j$$

$$= -z^{\mathrm{T}}Qz + 2z^{\mathrm{T}}PB\frac{h}{h_{\max}}\left[\sum_{j=0}^{k}\Delta_j(z)\right] + 2z^{\mathrm{T}}PB[s(z,t) + hu + h\Delta h] + \lambda^{-1}\rho\dot{\rho} + \delta^{-1}\sum_{j=0}^{k}\tilde{N}_j\tilde{N}_j$$

$$= -z^{\mathrm{T}}Qz + 2z^{\mathrm{T}}PB\frac{h}{h_{\max}}\left[\sum_{j=0}^{k}\Delta_j(z) - \rho^{p_j}F\left(\frac{z}{\rho}\right)\right] + 2z^{\mathrm{T}}PB[s(z,t) + h\Delta h]$$

$$+ \lambda^{-1}\rho\dot{\rho} + \delta^{-1}\sum_{j=0}^{k}\tilde{N}_j\dot{\tilde{N}}_j$$

$$\leqslant -z^{\mathrm{T}}Qz + 2\left|z^{\mathrm{T}}PB\right|\sum_{j=0}^{k}\rho^{p_j}N_j + 2z^{\mathrm{T}}PB[s(z,t) + h\Delta h] + \lambda^{-1}\rho\dot{\rho} + \delta^{-1}\sum_{j=0}^{k}\tilde{N}_j\dot{\tilde{N}}_j$$

$$\leqslant -z^{\mathrm{T}}Qz + 2\beta|\rho|\cdot\|PB\|\left\{\sum_{j=0}^{k}|\rho|^{p_j}\hat{N}_j - \sum_{j=0}^{k}|\rho|^{p_j}\tilde{N}_j + \phi(z,t) + h_{\max}\cdot\eta\right\} + \lambda^{-1}\rho\dot{\rho} + \delta^{-1}\sum_{j=0}^{k}\tilde{N}_j\dot{\tilde{N}}_j$$

$$\leqslant -\lambda_{\min}(Q)\|z\|^2 - \frac{\lambda_{\min}(Q)}{2\lambda_{\max}(P)}\lambda^{-1}\rho^2 + \lambda^{-1}\rho\left[\frac{\lambda_{\min}(Q)}{2\lambda_{\max}(P)}\rho + 2\beta\lambda\widehat{\mathrm{sign}}(\rho)\cdot\|PB\|\cdot\sum_{j=0}^{k}|\rho|^{p_j}\hat{N}_j + \dot{\rho}\right]$$

$$- \delta^{-1}\frac{\lambda_{\min}(Q)}{\lambda_{\max}(P)}\sum_{j=0}^{k}\tilde{N}_j\hat{N}_j + \sum_{j=0}^{k}\tilde{N}_j\left\{\delta^{-1}\frac{\lambda_{\min}(Q)}{\lambda_{\max}(P)}\hat{N}_j - 2\beta\rho\widehat{\mathrm{sign}}(\rho)\|PB\||\rho|^{p_j} + \delta^{-1}\dot{\hat{N}}_j\right\}$$

$$+ 2\beta\rho\widehat{\mathrm{sign}}(\rho)\|PB\|[\phi(z,t) + h_{\max}\eta] \qquad\qquad (3\text{-}15)$$

由于 $\tilde{N}_j\hat{N}_j = \dfrac{1}{2}(\hat{N}_j^2 + \tilde{N}_j^2 - N_j^2)$，所以上面不等式右边为

$$-\lambda_{\min}(Q)\|z\|^2 - \frac{\lambda_{\min}(Q)}{2\lambda_{\max}(P)}\lambda^{-1}\rho^2 + \lambda^{-1}\rho\left[\frac{\lambda_{\min}(Q)}{2\lambda_{\max}(P)}\rho + 2\beta\lambda\widehat{\mathrm{sign}}(\rho)\|PB\|\sum_{j=0}^{k}|\rho|^{p_j}\hat{N}_j + \dot{\rho}\right]$$

$$- \frac{\lambda_{\min}(Q)}{2\lambda_{\max}(P)}\delta^{-1}\sum_{j=0}^{k}\tilde{N}_j^2 - \frac{\lambda_{\min}(Q)}{\lambda_{\max}(P)}\delta^{-1}\sum_{j=0}^{k}(\hat{N}_j^2 - N_j^2) + \sum_{j=0}^{k}\tilde{N}_j\{\delta^{-1}\frac{\lambda_{\min}(Q)}{\lambda_{\max}(P)}\hat{N}_j$$

$$-2\beta\rho\widehat{\mathrm{sign}}(\rho)\|PB\||\rho|^{p_j} + \delta^{-1}\dot{\hat{N}}_j\} + 2\beta\rho\widehat{\mathrm{sign}}(\rho)\|PB\|[\phi(z,t) + h_{\max}\eta]$$

$$\leqslant -\frac{\lambda_{\min}(Q)}{\lambda_{\max}(P)}V(t) + \frac{\lambda_{\min}(Q)}{2\lambda_{\max}(P)}\delta^{-1}\sum_{j=0}^{k}N_j^2 - \frac{\lambda_{\min}(Q)}{2\lambda_{\max}(P)}\delta^{-1}\sum_{j=0}^{k}\hat{N}_j^2 + \lambda^{-1}\rho\left[\frac{\lambda_{\min}(Q)}{2\lambda_{\max}(P)}\rho\right.$$

$$+2\beta\lambda\widehat{\mathrm{sign}}(\rho)\|PB\|\sum_{j=0}^{k}|\rho|^{p_j}\hat{N}_j+\dot{\rho}\bigg]+\sum_{j=0}^{k}\tilde{N}_j\{\delta^{-1}\frac{\lambda_{\min}(Q)}{\lambda_{\max}(P)}\hat{N}_j-2\beta\rho\,\widehat{\mathrm{sign}}(\rho)\|PB\|\,|\rho|^{p_j}$$

$$+\delta^{-1}\dot{\hat{N}}_j\}+2\beta\rho\,\widehat{\mathrm{sign}}(\rho)\|PB\|[\phi(z,t)+h_{\max}\eta]\qquad(3\text{-}16)$$

由伸缩因子 ρ 的调节律（3-13）、自适应律（3-14）及式（3-16），可以得到

$$\dot{V}(t)\le-\frac{\lambda_{\min}(Q)}{\lambda_{\max}(P)}V(t)+\frac{\lambda_{\min}(Q)}{2\delta\lambda_{\max}(P)}\sum_{j=0}^{k}N_j^2\qquad(3\text{-}17)$$

由式（3-17）可以得有如下不等式成立：

$$V(t)\le\mu+\frac{1}{2\delta}\sum_{j=0}^{k}N_j^2\qquad(3\text{-}18)$$

其中，$\mu=\mathrm{e}^{\frac{\lambda_{\min}(Q)}{\lambda_{\max}(P)}}V(0)$。由式（3-18）可以看出，对于任意给定的实数 $\mu>0$，关于点 $z=0,\rho=0,\tilde{N}_j=0$ 的邻域 $\Omega=\left\{(z^{\mathrm{T}}\quad\rho\quad\tilde{N})\Big|V\le\mu+\frac{1}{2\delta}\sum_{j=0}^{k}N_j^2\right\}$，容易验证当时间

$t\ge-\dfrac{\lambda_{\max}(P)}{\lambda_{\min}(Q)}\ln\dfrac{\mu}{V(0)}$ 时，$V(t)\in\Omega$，这意味着此时有 $\|z\|\le\sqrt{\dfrac{\mu+0.5\delta^{-1}\sum\limits_{j=0}^{k}N_j^2}{\lambda_{\min}(P)}}$，$|\rho|\le$

$\sqrt{2\lambda\left(\mu+0.5\delta^{-1}\sum\limits_{j=0}^{k}N_j^2\right)}$，$\sum\limits_{j=0}^{k}\tilde{N}_j^2\le2\delta\left(\mu+0.5\delta^{-1}\sum\limits_{j=0}^{k}N_j^2\right)$。故引理 3.2 得证。

综合上述两种情形，针对系统（3-1），提出如下由形如图 2-1 所示带有伸缩器和饱和器的模糊逻辑系统构成的控制器：

$$u=\begin{cases}0,&\|z\|>|\rho|\beta\\[2mm]-\dfrac{1}{h_{\max}}\sum_{j=0}^{k}\rho^{p_j}F_j\left(\dfrac{z}{\rho}\right),&\|z\|\le|\rho|\beta\end{cases}\qquad(3\text{-}19)$$

及伸缩因子调节律：

$$\rho\dot{\rho}=\begin{cases}\dfrac{1}{2\beta^2}\left\{l+2\sqrt{n-1}\|z\|^2+2\|z\|\cdot\left[\sum_{i=1}^{k}\hat{N}_i+\sum_{i=1}^{k}|F_i(z)|+\phi(z,t)+h_{\max}\eta\right]\right\},&\|z\|>|\rho|\beta\\[4mm]-\dfrac{\lambda_{\min}(Q)}{2\lambda_{\max}(P)}\rho^2-2\lambda\beta\rho\|PB\|\left(\sum_{j=0}^{k}|\rho|^{p_j}\hat{N}_j\right)\widehat{\mathrm{sign}}(\rho)-\pi,&\|z\|\le|\rho|\beta\end{cases}\qquad(3\text{-}20)$$

其中，$\pi=2\lambda\rho\beta\,\widehat{\mathrm{sign}}(\rho)\|PB\|[\phi(z,t)+h_{\max}\eta]$。模糊逻辑系统 F_j 逼近精度参数估计自适应律：

$$\dot{\hat{N}}_j = \begin{cases} 2\varepsilon\|z\|\widehat{\text{sign}}(j), & \|z\| > |\rho|\beta \\ -\dfrac{\lambda_{\min}(Q)}{\lambda_{\max}(P)}\hat{N}_j + 2\delta\beta\rho\|PB\|\cdot|\rho|^{p_j}\widehat{\text{sign}}(\rho), & \|z\| \leqslant |\rho|\beta \end{cases}, \quad j = 0,1,2,\cdots,k \qquad (3\text{-}21)$$

定理 3.1　如果假设 3.1 和假设 3.2 成立，那么系统（3-1）与控制器（3-19）、伸缩因子调节律（3-20）和自适应律（3-21）形成的扩展系统（3-5）～（3-8）的状态 $\mathbb{Z} = (z^{\mathrm{T}}, \rho, \hat{N}^{\mathrm{T}})^{\mathrm{T}}$ 一致终极有界。

综上所述，在本节中，针对非线性系统（3-1）进行带有伸缩器及饱和器的模糊自适应控制设计的主要步骤如下。

步骤 1：针对系统（3-1），验证假设 3.1 是否成立，若成立，执行下一步，否则本书方法失效。

步骤 2：确定饱和器的饱和度 β_j 及最小饱和度 β 使 $\{z\|\|z\| \leqslant \beta\} \subseteq \tilde{V}$。

步骤 3：利用齐次函数的特性在有界论域 $\tilde{V}$ 上构造 k 个 T-S 型模糊逻辑系统 F_j 分别逼近 k 个齐次连续函数 $\Delta_j(z)$（$j = 0,1,2,\cdots,k$），满足 $\sup\limits_{z\in\tilde{V}}|\Delta_j(z) - F_j(z)| \leqslant N_j$。

步骤 4：构造控制器（3-19）、伸缩因子调节律（3-20）、自适应律（3-21）。

3.3　数　值　算　例

例 3.1　考虑如下二阶系统：

$$\ddot{x} = -7(x^2 + x\dot{x}) + \frac{5x^2 + 0.2\dot{x}^2}{x^3 + \dot{x}^3} + 10\sin t + u + 0.6\cos t \qquad （3\text{-}22）$$

相应于本书采用的符号，从式（3-22）可以看出，$g_2(z) = -7(x^2 + x\dot{x})$，$g_{-1}(z) = \dfrac{5x^2 + 0.2\dot{x}^2}{x^3 + \dot{x}^3}$ 分别是 2 次和 -1 次光滑非线性齐次函数；$s(z,t) = 10\sin t$；$\Delta h = 0.6\cos t$。假设 $h = 1$ 是未知的，但是 h 满足 $h_{\min} \leqslant h \leqslant h_{\max}$，这里 $h_{\min} = 0.5$，$h_{\max} = 10$ 是已知的；明显地，$z = 0$ 不是系统（3-22）的平衡点。

利用 3 个形如图 2-1 的 T-S 型模糊逻辑系统 F_0、F_1、F_2 分别逼近如下 3 个连续齐次函数：

$$\Delta_0(z) = -\frac{h_{\max}}{h}Kz ; \quad \Delta_1(z) = -7(x^2 + x\dot{x}) ; \quad \Delta_2(z) = \frac{5x^2 + 0.2\dot{x}^2}{x^3 + \dot{x}^3} \qquad （3\text{-}23）$$

其中，$K = [-200, -100]$。从式（3-23）中可以看出，采用文献[19]、[22]中的方法可以构造模糊逻辑系统 F_0 精确表示 $\Delta_0(z)$，即 $F_0(z) = \Delta_0(z) = -\dfrac{h_{\max}}{h_{\min}}Kz$。假定式（3-23）中的另外两个连续函数 $\Delta_1(z)$ 和 $\Delta_2(z)$ 是未知的，仅知道它们的次数分别是 2 和 -1，

在这种情况下，由文献[23]可知，如果 T-S 型模糊逻辑系统的后件写成带有以前件的输入样本点为中心的多项式，那么通过特殊的隶属函数选择，该多项式的系数正是被逼近函数的泰勒展开式的系数，即被逼近函数的偏导数值。受此启发，可以根据齐次函数的欧拉公式（3-4）来确定 T-S 型模糊逻辑系统（2-1）的输出后件的系数。具体做法如下（记 $r_1 = x, r_2 = \dot{x}$）。

在区域 $\tilde{V}$ 内选定 M 个输入变量 $(r_1, r_2)^{\mathrm{T}}$ 的采样点 $\{r^l = (r_1^l, r_2^l)^{\mathrm{T}} \mid l = 1, 2, \cdots, M\}$，再在以每一个采样点 $(r_1^l, r_2^l)^{\mathrm{T}}$ 为中心的小邻域内任意选取 m_l 个其他采样点 $\{(r_1^{lm}, r_2^{lm})^{\mathrm{T}} \mid m = 1, 2, \cdots, m_l\}$，可以认为对于固定的 l，这 m_l 个采样点处的偏导数值近似等于在采样点 $(r_1^l, r_2^l)^{\mathrm{T}}$ 处的偏导数值。因而利用欧拉公式（3-4）可以得到如下求取点 $(r_1^l, r_2^l)^{\mathrm{T}}$ 处偏导数值的方程组：

$$
\left\{
\begin{array}{l}
r_1^{l1} \left. \dfrac{\partial \varDelta_i(z)}{\partial r_1} \right|_{r_1^l} + r_2^{l1} \left. \dfrac{\partial \varDelta_i(z)}{\partial r_2} \right|_{r_2^l} = p_i \varDelta_i(r_1^{l1}, r_2^{l1}) \\
\qquad\qquad\vdots \\
r_1^{lm_l} \left. \dfrac{\partial \varDelta_i(z)}{\partial r_1} \right|_{r_1^l} + r_2^{lm_l} \left. \dfrac{\partial \varDelta_i(z)}{\partial r_2} \right|_{r_2^l} = p_i \varDelta_i(r_1^{lm_l}, r_2^{lm_l})
\end{array}
\right. , \qquad i = 1, 2 \qquad (3\text{-}24)
$$

对式（3-24），用求广义逆的方法[24]可以得到被逼近函数在每一个采样点 $(r_1^l, r_2^l)^{\mathrm{T}}$ 处的偏导数值，即有下式成立：

$$
G = (C^{\mathrm{T}} C)^{-1} C^{\mathrm{T}} D \qquad (3\text{-}25)
$$

其中，$C = \begin{bmatrix} r_1^{l1} & r_2^{l1} \\ r_1^{l2} & r_2^{l2} \\ \vdots & \vdots \\ r_1^{lm_l} & r_2^{lm_l} \end{bmatrix}$；$D = \begin{bmatrix} p_i \varDelta_i(r_1^{l1}, r_2^{l1}) \\ p_i \varDelta_i(r_1^{l2}, r_2^{l2}) \\ \vdots \\ p_i \varDelta_i(r_1^{lm_l}, r_2^{lm_l}) \end{bmatrix}$；$G = \left(\left. \dfrac{\partial \varDelta_i(z)}{\partial r_1} \right|_{r_1^l} \cdots \left. \dfrac{\partial \varDelta_i(z)}{\partial r_2} \right|_{r_2^l} \right)^{\mathrm{T}}$。

由此可得分别逼近未知齐次非线性函数 $\varDelta_1(z)$ 和 $\varDelta_2(z)$ 形如式（2-1）的 T-S 型模糊逻辑系统的模糊规则如下。

选定输入论域 $\tilde{V} = I_1 \times I_2 = [-6, 6] \times [-6, 6]$，将 $\varDelta_1$ 的输入论域作以下模糊划分：$I_1 = \{$负大（NB），零（Z），正小（PS），正大（PB）$\}$；$I_2 = \{$负大（NB），负小（NS），零（Z），正中（PM），正大（PB）$\}$。模糊逻辑系统 F_1 的规则如下：

If x is PB and $\dot{x}$ is PB, Then $\varDelta_1 = a_0^1 + a_1^1(x - r_1^1) + a_2^1(\dot{x} - r_2^1)$

If x is NB and $\dot{x}$ is PM, Then $\varDelta_1 = a_0^2 + a_1^2(x - r_1^2) + a_2^2(\dot{x} - r_2^2)$

If x is NB and $\dot{x}$ is NB, Then $\varDelta_1 = a_0^3 + a_1^3(x - r_1^3) + a_2^3(\dot{x} - r_2^3)$

If x is PS and $\dot{x}$ is NS, Then $\varDelta_1 = a_0^4 + a_1^4(x - r_1^4) + a_2^4(\dot{x} - r_2^4)$

If x is Z and $\dot{x}$ is Z, Then $\Delta_1 = a_0^5 + a_1^5(x - r_1^5) + a_2^5(\dot{x} - r_2^5)$

如果选取参数 $c = 100$，则 I_1 相应的隶属度函数为 $\mu_{NB}(\zeta_1) = e^{-c(\zeta_1+5)^2}$，$\mu_Z(\zeta_1) = e^{-c\zeta_1^2}$，$\mu_{PS}(\zeta_1) = e^{-c(\zeta_1-2)^2}$，$\mu_{PB}(\zeta_1) = e^{-c(\zeta_1-5)^2}$；$I_2$ 相应的隶属度函数为 $\mu_{NB}(\zeta_2) = e^{-c(\zeta_2+3)^2}$，$\mu_{NS}(\zeta_2) = e^{-c(\zeta_2+1)^2}$，$\mu_Z(\zeta_2) = e^{-c\zeta_2^2}$，$\mu_{PM}(\zeta_2) = e^{-c(\zeta_2-5)^2}$，$\mu_{PB}(\zeta_2) = e^{-c(\zeta_2-6)^2}$。

选定输入论域 $\tilde{V} = \tilde{I}_1 \times \tilde{I}_2 = [-6,6] \times [-6,6]$，将 Δ_2 的输入论域作以下模糊划分：$\tilde{I}_1 = \{$负大（NB），负小（NS），正零（PZ），正小（PS），正中（PM），正大（PB）$\}$；$\tilde{I}_2 = \{$负大（NB），负小（NS），正零（PZ），正中（PM），正大（PB）$\}$。模糊逻辑系统 F_2 的规则如下：

If x is PB and $\dot{x}$ is PB, Then $\Delta_2 = b_0^1 + b_1^1(x - \bar{r}_1^1) + b_2^1(\dot{x} - \bar{r}_2^1)$

If x is NB and $\dot{x}$ is PM, Then $\Delta_2 = b_0^2 + b_1^2(x - \bar{r}_1^2) + b_2^2(\dot{x} - \bar{r}_2^2)$

If x is NS and $\dot{x}$ is NB, Then $\Delta_2 = b_0^3 + b_1^3(x - \bar{r}_1^3) + b_2^3(\dot{x} - \bar{r}_2^3)$

If x is PS and $\dot{x}$ is NS, Then $\Delta_2 = b_0^4 + b_1^4(x - \bar{r}_1^4) + b_2^4(\dot{x} - \bar{r}_2^4)$

If x is PZ and $\dot{x}$ is PZ, Then $\Delta_2 = b_0^5 + b_1^5(x - \bar{r}_1^5) + b_2^5(\dot{x} - \bar{r}_2^5)$

$\tilde{I}_1$ 相应的隶属度函数为 $\mu_{NB}(\xi_1) = e^{-c(\xi_1+4)^2}$，$\mu_{NS}(\xi_1) = e^{-c(\xi_1+2)^2}$，$\mu_{PZ}(\xi_1) = e^{-c(\xi_1-0.001)^2}$，$\mu_{PS}(\xi_1) = e^{-c(\xi_1-1)^2}$，$\mu_{PM}(\xi_1) = e^{-c(\xi_1-2)^2}$，$\mu_{PB}(\xi_1) = e^{-c(\xi_1-5)^2}$；$\tilde{I}_2$ 相应的隶属度函数为 $\mu_{NB}(\xi_2) = e^{-c(\xi_2+3)^2}$，$\mu_{NS}(\xi_2) = e^{-c(\xi_2+2)^2}$，$\mu_{PZ}(\xi_2) = e^{-c(\xi_2-0.0001)^2}$，$\mu_{PM}(\xi_2) = e^{-c(\xi_2-3)^2}$，$\mu_{PB}(\xi_2) = e^{-c(\xi_2-4)^2}$。

取饱和器的最小饱和度为 $\beta = 6$，并选取参数为 $\lambda = 0.1$，$\phi = 10$，$l = 15$，$\varepsilon = 0.0005$，$\delta = 0.02$，$\eta = 0.6$，状态初始值分别为 $x(0) = -2$，$\dot{x}(0) = 1.5$，$\rho(0) = 1$，$\hat{N}_0(0) = 0.2$，$\hat{N}_1(0) = 0.4$，$\hat{N}_2(0) = 1$，相应的仿真如图 3-1～图 3-3 所示。

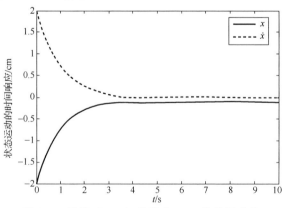

图 3-1　系统（3-22）的状态 x、$\dot{x}$ 的时间响应

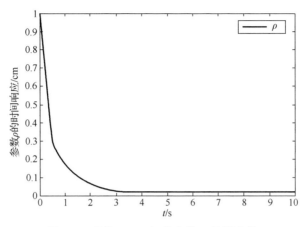

图 3-2　系统（3-22）的参数 ρ 的调节律

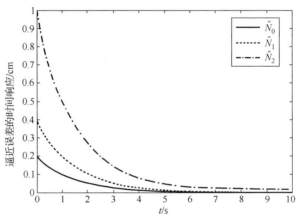

图 3-3　系统（3-22）的 $\hat{N}_0$、$\hat{N}_1$、$\hat{N}_2$ 的调节律

从上面仿真的结果中可以看出，利用齐次函数的欧拉公式可以辅助构造 T-S 型模糊逻辑系统的规则去逼近非线性系统（3-23）。因为 $z=0$ 不是系统（3-22）的平衡点，所以它的状态不能一致收敛到 0，但是控制器（3-19）与参数调节律（3-20）、自适应律（3-21）能保证系统（3-22）的状态一致终极有界。

3.4　本 章 小 结

本章对含有齐次非线性不确定函数的动态系统，设计了一种 T-S 型模糊自适应控制方法，该方法可以保证闭环系统的所有信号一致有界。

参 考 文 献

[1] 王立新. 模糊系统与模糊控制教程. 王迎军译. 北京: 清华大学出版社, 2003.

[2] 佟绍成. 非线性系统的自适应模糊控制. 北京：科学出版社， 2006.

[3] Chen B. Delay-dependent robust H-infinity control for T-S fuzzy systems with time delay. IEEE Transactions on Fuzzy Systems, 2005, 13: 544-556.

[4] Chen B, Liu X P, Tong S C. Adaptive fuzzy output tracking control of MIMO nonlinear uncertain systems. IEEE Transactions on Fuzzy Systems, 2007, 15: 287-300.

[5] Wang L X. Stable adaptive fuzzy controllers with application to inverted pendulum tracking. IEEE Transactions on Systems, Man and Cybernetics- B: Cybernetics, 1996, 26: 677-691.

[6] Liu Y J, Wang W. Adaptive fuzzy control for a class of uncertain nonaffine nonlinear systems. Information Sciences, 2007, 177: 3901-3917.

[7] Tong S C, He X L, Zhang H G. A combined backstepping and small-gain approach to robust adaptive fuzzy output feedback control. IEEE Transactions on Fuzzy Systems, 2009, 17: 1059-1069.

[8] Chen B S, Lee C H, Chang Y C. H_∞ tracking design of uncertain nonlinear SISO systems: Adaptive fuzzy approach. IEEE Transactions on Fuzzy Systems, 1996, 4: 32-43.

[9] Leu Y G, Lee T T, Wang W Y. Observer-based adaptive fuzzy neural control for uncertain nonlinear dynamical systems. IEEE Transactions on Systems, Man and Cybernetics, 1999, 29: 583-591.

[10] 毛玉青, 张天平. 基于观测器的直接自适应模糊控制. 模糊系统与数学, 2007, 21: 118-126.

[11] Tong S C, Li Y M. Observer-based fuzzy adaptive control for strict-feedback nonlinear systems. Fuzzy Sets and Systems, 2009, 160: 1749-1764.

[12] Liu Y J, Wang W, Tong S C, et al. Robust adaptive tracking control for nonlinear systems based on bounds of fuzzy approximation parameters. IEEE Transactions on Systems, Man and Cybernetics-A: Systems and Humans, 2010, 40: 170-184.

[13] Yang Y S, Zhou C, Ren J S. Model reference adaptive robust fuzzy control for ship steering autopilot with uncertain nonlinear systems. Applied Soft Computing, 2003, 3: 305-316.

[14] Yang Y S, Feng G, Ren J S. A combined backstepping and small-gain approach to robust adaptive fuzzy control for strict-feedback nonlinear systems. IEEE Transactions on Systems, Man and Cybernetics-A: Systems and Humans, 2004, 34: 406-420.

[15] Yang Y S, Zhou C J. Adaptive fuzzy H-infinity stabilization for strict-feedback canonical nonlinear systems via backstepping and small-gain approach. IEEE Transactions on Fuzzy Systems, 2005, 1: 104-114.

[16] Chen B, Liu X P, Liu K F, et al. Direct adaptive fuzzy control of nonlinear strict-feedback systems. Automatica, 2009, 45: 1530-1335.

[17] Castro J L, Delgado M. Fuzzy systems with defuzzification are universal approximators. IEEE Transactions on Systems, Man and Cybernetics-B: Cybernetics, 1996, 26: 149-152.

[18] Perfilieva I. Normal forms for fuzzy logic functions and their approximation ability. Fuzzy Sets and Systems, 2001, 124: 371-384.

[19] 王国俊. 非经典数理逻辑与近似推理. 北京: 科学出版社, 2003.

[20] Beickell F. A theorem on homogeneous functions. Journal of the London Mathematical Society, 1967, 42: 325-329.

[21] Slotine J J E, Li W. 应用非线性控制. 程代展译. 北京: 机械工业出版社, 2006.

[22] Zeng X J, Singh M G. Approximation accuracy analysis of fuzzy systems as function approximators. IEEE Transactions on Fuzzy Systems, 1996, 4: 44-63.

[23] Bikdash M. A highly interpretable form of Sugeno inference systems. IEEE Transactions on Fuzzy Systems, 1999, 7(6): 686-696.

[24] 戴华. 矩阵分析. 北京: 科学出版社, 2001.

第4章　一类不确定非线性系统的稳定与跟踪模糊自适应控制设计

本章主要讨论非线性动态系统的稳定与跟踪模糊自适应控制器设计问题，详细介绍两种控制器设计方法，并对仿真结果进行比较分析。

4.1　不确定非线性系统的稳定控制器设计

4.1.1　系统描述与基本假设

本节考虑如下单输入、单输出复杂动态系统：

$$x^{(n)} = f(z,t) + (h + \Delta h)u \tag{4-1}$$

其中，输出 $y = x \in \mathbf{R}$；控制输入 $u \in \mathbf{R}$；状态向量 $z = (x, \dot{x}, \cdots, x^{(n-1)})^{\mathrm{T}} \in \tilde{V} \subseteq \mathbf{R}^n$，$\tilde{V}$ 是一紧致集合；$f(z,t)$ 是一个未知连续函数；h 是一个未知的增益正常数；$\Delta h = \Delta h(z,t)$ 是一个未知的连续增益函数。

本节在未知函数 $f(z,t)$ 不具有齐次性质的情况下，对系统（4-1）设计基于图 2-2 的扩展模糊逻辑系统的模糊自适应控制器，系统（4-1）需要转换成如下形式：

$$\dot{z} = Az + B[f(z,t) + (h + \Delta h)u] \tag{4-2}$$

其中，矩阵 A、B 同式（3-2）。

很容易看出矩阵对 (A,B) 是完全可控的，因此一定存在一个 $1 \times n$ 阶矩阵 K 使得 $A + BK$ 是 Hurwitz 稳定矩阵。也就是说，对任意一给定的正定矩阵 Q，如下的 Lyapunov 方程一定存在一个正定矩阵解 P：

$$(A + BK)^{\mathrm{T}} P + P(A + BK) = -Q \tag{4-3}$$

假设 4.1　（1）在紧致集 $\tilde{V}$ 上，$f(z,t) = \bar{f}(z) + r(z,t)$，其中 $\bar{f}(z)$ 是一个未知非线性函数且存在一 Lipschitz 常数 S 满足 $|\bar{f}(z_1) - \bar{f}(z_2)| \leqslant S\|z_1 - z_2\|$；$r(z,t)$ 是一个未知余项，满足条件 $|r(z,t)| \leqslant \omega(z,t)$，这里 $\omega(z,t)$ 是一个已知的连续函数。

（2）在紧致集 $\tilde{V}$ 上存在两个已知正常数 $h_{\min}$、$h_{\max}$ 满足 $0 < h_{\min} \leqslant h \leqslant h_{\max}$，$|\Delta h| \leqslant \eta(z,t) < h_{\min}$。

假设 4.2　（1）最小饱和度 α 满足 $\{z | \|z\| \leqslant \alpha\} \subseteq \tilde{V}$。

（2）在假设 4.1 成立的条件下，存在一形如式（2-2）的模糊逻辑系统（FLS）F_1 和一未知正实常数 N_1 满足 $\sup\limits_{z\in\bar{V}}\left|\Delta_1(z)-F_1(z)\right|\leqslant N_1$，这里 $\Delta_1(z)=\dfrac{h_{\max}}{h}\overline{f}(z)$。

（3）存在一形如式（2-2）的模糊逻辑系统 F_0 和一未知正实常数 N_0 满足 $\sup\limits_{z\in\bar{V}}\left|\Delta_0(z)-F_0(z)\right|\leqslant N_0$，这里 $\Delta_0(z)=-\dfrac{h_{\max}}{h}Kz$。

注 4.1　由第 2 章的内容，可知引理 2.2 说明在式（2-2）中的模糊逻辑系统与图 2-2 扩展模糊逻辑系统存在着逼近能力的关系。这种关系说明扩展模糊逻辑系统逼近精度可以通过原模糊逻辑系统和参数 Θ、α、ρ 来得到。

通过上面对假设 4.1、假设 4.2 和引理 2.2 的分析，利用图 2-2 中的扩展模糊逻辑系统，有如下的不等式成立：

$$\left|\Delta_j(z)-F_j\left(\frac{z}{\rho}\right)\right|\leqslant L_j\alpha|\rho-1|+N_j，\quad j=0,1 \tag{4-4}$$

其中，$L_0=\|K\|\dfrac{h_{\max}}{h}$，$L_1=S\dfrac{h_{\max}}{h}$。

在工程实际应用中，参数 L_j 和 N_j 一般未知。令 $\hat{N}=\hat{N}(t)$ 和 $\hat{L}=\hat{L}(t)$ 分别代表向量 N 和 L 的估计值，这里 $N=(N_0,N_1)^{\mathrm{T}}$，$L=(L_0,L_1)^{\mathrm{T}}$，$\hat{N}=(\hat{N}_0,\hat{N}_1)^{\mathrm{T}}$，$\hat{L}=(\hat{L}_0,\hat{L}_1)^{\mathrm{T}}$。引入 $\tilde{N}=\hat{N}-N$ 和 $\tilde{L}=\hat{L}-L$ 代表响应的误差，因此，考虑如下的扩展闭环系统：

$$\dot{z}=Az+B[f(z,t)+(h+\Delta h)u] \tag{4-5}$$

$$\dot{\rho}=\vartheta(z,\rho,\hat{L},\hat{N}) \tag{4-6}$$

$$\dot{\hat{L}}=\pi(z,\rho,\hat{L},\hat{N}) \tag{4-7}$$

$$\dot{\hat{N}}=\chi(z,\rho,\hat{L},\hat{N}) \tag{4-8}$$

$$u=u(z,\rho) \tag{4-9}$$

其中，$\mathbb{Z}=(z^{\mathrm{T}},\rho,\hat{L}^{\mathrm{T}},\hat{N}^{\mathrm{T}})^{\mathrm{T}}$ 代表扩展系统（4-5）～（4-9）的状态，映射 $\vartheta(*)$ 代表参数 ρ 的变化率，映射 $\pi(*)$ 与 $\chi(*)$ 分别代表 L 与 N 的估计自适应律。控制器（4-9）是根据以下控制目标设计的。

控制目标：设计控制器（4-9），调节律（4-6）和自适应律（4-7）、（4-8）使得扩展系统（4-5）～（4-9）的状态 $\mathbb{Z}=(z^{\mathrm{T}},\rho,\hat{L}^{\mathrm{T}},\hat{N}^{\mathrm{T}})^{\mathrm{T}}$ 是一致完全有界的。

4.1.2　主要结论

定理 4.1　考虑扩展系统（4-5）～（4-9），如果假设 4.1 与假设 4.2 成立，采用如下控制器（4-10）、参数调节律（4-11）、自适应律（4-12）和（4-13）。

$$u = \begin{cases} 0, & \|z\| > \alpha|\rho| \\ u_1 + u_2, & \|z\| \leqslant \alpha|\rho| \end{cases} \qquad (4\text{-}10)$$

其中，$u_1 = -\dfrac{1}{h_{max}}\displaystyle\sum_{j=0}^{1} F_j\left(\dfrac{z}{\rho}\right)$，$u_2 = -\dfrac{\eta(z,t)|u_1| + \omega(z,t)}{h_{min} - \eta(z,t)}\mathrm{sign}(B^{\mathrm{T}}Pz)$。

参数调节律和自适应律为

$$\dot{\rho} = \begin{cases} \dfrac{1}{2\rho\alpha^2}\{\lambda + 2\sqrt{n-1}\|z\|^2 + 2\|z\|\cdot[|F_1(z)| + \omega(z,t) + \hat{N}_1]\}, & \|z\| > |\rho|\alpha \\ -\dfrac{\lambda_{min}(Q)}{2\lambda_{max}(P)}\rho - 2\alpha^2\gamma|\rho-1|\cdot\|PB\|\displaystyle\sum_{j=0}^{1}\hat{L}_j\widehat{\mathrm{sign}}(\rho) - \sigma, & \|z\| \leqslant |\rho|\alpha \end{cases} \qquad (4\text{-}11)$$

其中，$\sigma = 2\alpha\gamma\|PB\|\displaystyle\sum_{j=0}^{1}\hat{N}_j\widehat{\mathrm{sign}}(\rho)$。

$$\dot{\hat{L}}_j = \begin{cases} 0, & \|z\| > |\rho|\alpha \\ -\dfrac{\lambda_{min}(Q)}{\lambda_{max}(P)}\hat{L}_j + 2\alpha^2\mu|\rho|\cdot|\rho-1|\cdot\|PB\|, & \|z\| \leqslant |\rho|\alpha \end{cases}, \quad j=0,1 \qquad (4\text{-}12)$$

$$\dot{\hat{N}}_j = \begin{cases} 2\beta\|z\|\mathrm{sign}(j), & \|z\| > |\rho|\alpha \\ -\dfrac{\lambda_{min}(Q)}{\lambda_{max}(P)}\hat{N}_j + 2\alpha\delta|\rho|\cdot\|PB\|, & \|z\| \leqslant |\rho|\alpha \end{cases}, \quad j=0,1 \qquad (4\text{-}13)$$

则扩展系统（4-5）～（4-9）的状态 $\mathbb{Z} = (z^{\mathrm{T}}, \rho, \tilde{L}^{\mathrm{T}}, \hat{N}^{\mathrm{T}})^{\mathrm{T}}$ 是一致完全有界的。

证明：情形（1）：$\|z\| > |\rho|\alpha$。

令 $s = s(z,\rho,\tilde{L},\tilde{N}) = \|z\|^2 - \rho^2\alpha^2 + 0.5\varepsilon^{-1}\tilde{L}^{\mathrm{T}}\tilde{L} + 0.5\beta^{-1}\tilde{N}^{\mathrm{T}}\tilde{N}$，可知 $s > 0$ 成立，所以考虑关于 s 的函数，取 $V = \dfrac{1}{2}s^2$，由于 $\|A\| = \sqrt{n-1}$ 和 $\|B\| = 1$，因此由控制器（4-10），V 对时间的微分为

$$\dot{V} = s\dot{s} = s[\dot{z}^{\mathrm{T}}z + z^{\mathrm{T}}\dot{z} - 2\rho\dot{\rho}\alpha^2 + \varepsilon^{-1}\tilde{L}^{\mathrm{T}}\dot{\tilde{L}} + \beta^{-1}\tilde{N}^{\mathrm{T}}\dot{\tilde{N}}]$$

$$= s\{2z^{\mathrm{T}}Az + 2z^{\mathrm{T}}B[\bar{f}(z) + r(z,t)] - 2\alpha^2\rho\dot{\rho} + \varepsilon^{-1}\tilde{L}^{\mathrm{T}}\dot{\tilde{L}} + \beta^{-1}\tilde{N}^{\mathrm{T}}\dot{\tilde{N}}\}$$

$$\leqslant s\{2\|A\|\cdot\|z\|^2 + 2\|z\|\cdot|\bar{f}(z)| + 2\|z\|\cdot|r(z,t)| - 2\alpha^2\rho\dot{\rho} + \varepsilon^{-1}\tilde{L}^{\mathrm{T}}\dot{\tilde{L}} + \beta^{-1}\tilde{N}^{\mathrm{T}}\dot{\tilde{N}}\}$$

$$\leqslant s\{2\sqrt{n-1}\cdot\|z\|^2 + 2\|z\|\cdot\dfrac{h}{h_{max}}|\Delta_1(z)| + 2\|z\|\cdot|\omega(z,t)| - 2\alpha^2\rho\dot{\rho} + \varepsilon^{-1}\tilde{L}^{\mathrm{T}}\dot{\tilde{L}} + \beta^{-1}\tilde{N}^{\mathrm{T}}\dot{\tilde{N}}\}$$

$$\leqslant s\{2\sqrt{n-1}\cdot\|z\|^2 + 2\|z\|\cdot|\Delta_1(z) - F_1(z)| + 2\|z\|\cdot|F_1(z)| + 2\|z\|\cdot|\omega(z,t)| - 2\alpha^2\rho\dot{\rho} + \varepsilon^{-1}\tilde{L}^{\mathrm{T}}\dot{\tilde{L}}$$

$$+ \beta^{-1}\tilde{N}^{\mathrm{T}}\dot{\tilde{N}}\}$$

$$\leqslant s\{2\sqrt{n-1}\cdot\|z\|^2 + 2\|z\|\cdot N_1 + 2\|z\|\cdot|F_1(z)| + 2\|z\|\cdot|\omega(z,t)| - 2\alpha^2\rho\dot\rho + \varepsilon^{-1}\tilde{L}^{\mathrm{T}}\dot{\tilde{L}} + \beta^{-1}\tilde{N}^{\mathrm{T}}\dot{\tilde{N}}\}$$

$$= s\{2\sqrt{n-1}\cdot\|z\|^2 + 2\|z\|\cdot|F_1(z)| + 2\|z\|\cdot\hat{N}_1 + \tilde{N}_1\cdot[\beta^{-1}\dot{\hat{N}}_1 - 2\|z\|]$$

$$+2\|z\|\cdot|\omega(z,t)| - 2\alpha^2\rho\dot\rho + \varepsilon^{-1}\tilde{L}_0\dot{L}_0 + \varepsilon^{-1}\tilde{L}_1\dot{L}_1 + \beta^{-1}\tilde{N}_0\dot{\hat{N}}_0\}$$

$$= -\lambda s \tag{4-14}$$

由文献[1]，式（4-14）意味着扩展系统（4-5）~（4-9）的状态 $\mathbb{Z} = (z^{\mathrm{T}}, \rho, \hat{L}^{\mathrm{T}}, \hat{N}^{\mathrm{T}})^{\mathrm{T}}$ 可以在有限时间内到达滑模面 $s = 0$，因此 $\{\mathbb{Z}|s=0\} \subseteq D$。

情形（2）：$\|z\| \leqslant |\rho|\alpha$。

考虑如下形式的 Lyapunov 函数：

$$V(t) = z^{\mathrm{T}}Pz + \frac{1}{2\gamma}\rho^2 + \frac{1}{2\mu}\sum_{j=0}^{1}\tilde{L}_j^2 + \frac{1}{2\delta}\sum_{j=0}^{1}\tilde{N}_j^2 \tag{4-15}$$

则式（4-15）的导数为

$$\dot{V}(t) = \dot{z}^{\mathrm{T}}Pz + z^{\mathrm{T}}P\dot{z} + \gamma^{-1}\rho\dot\rho + \mu^{-1}\sum_{j=0}^{1}\tilde{L}_j\dot{\tilde{L}}_j + \delta^{-1}\sum_{j=0}^{1}\tilde{N}_j\dot{\tilde{N}}_j$$

$$= z^{\mathrm{T}}(A^{\mathrm{T}}P + PA)z + 2z^{\mathrm{T}}PB\bar{f}(z) + 2z^{\mathrm{T}}PBr(z,t) + 2z^{\mathrm{T}}PB(h+\Delta h)u_1$$

$$+2z^{\mathrm{T}}PB(h+\Delta h)u_2 + \gamma^{-1}\rho\dot\rho + \mu^{-1}\sum_{j=0}^{1}\tilde{L}_j\dot{\tilde{L}}_j + \delta^{-1}\sum_{j=0}^{1}\tilde{N}_j\dot{\tilde{N}}_j$$

$$= z^{\mathrm{T}}(A^{\mathrm{T}}P + PA)z + 2z^{\mathrm{T}}PB[\bar{f}(z) + hu_1] + 2z^{\mathrm{T}}PB[r(z,t) + \Delta h\cdot u_1 + (h+\Delta h)u_2]$$

$$+\gamma^{-1}\rho\dot\rho + \mu^{-1}\sum_{j=0}^{1}\tilde{L}_j\dot{\tilde{L}}_j + \delta^{-1}\sum_{j=0}^{1}\tilde{N}_j\dot{\tilde{N}}_j$$

$$= z^{\mathrm{T}}(A^{\mathrm{T}}P + PA)z + 2z^{\mathrm{T}}PBKz + 2z^{\mathrm{T}}PB\left[\bar{f}(z) - Kz - \frac{h}{h_{\max}}\sum_{j=0}^{1}F_j\left(\frac{z}{\rho}\right)\right]$$

$$+2z^{\mathrm{T}}PB[r(z,t) + \Delta h\cdot u_1 + (h+\Delta h)u_2] + \gamma^{-1}\rho\dot\rho + \mu^{-1}\sum_{j=0}^{1}\tilde{L}_j\dot{\tilde{L}}_j + \delta^{-1}\sum_{j=0}^{1}\tilde{N}_j\dot{\tilde{N}}_j$$

$$= -z^{\mathrm{T}}Qz + 2z^{\mathrm{T}}PB\frac{h}{h_{\max}}\left[\frac{h_{\max}}{h}\bar{f}(z) - \frac{h_{\max}}{h}Kz - \sum_{j=0}^{1}F_j\left(\frac{z}{\rho}\right)\right]$$

$$+2z^{\mathrm{T}}PB[r(z,t) + \Delta h\cdot u_1 + (h+\Delta h)u_2] + \gamma^{-1}\rho\dot\rho + \mu^{-1}\sum_{j=0}^{1}\tilde{L}_j\dot{\tilde{L}}_j + \delta^{-1}\sum_{j=0}^{1}\tilde{N}_j\dot{\tilde{N}}_j$$

$$= -z^{\mathrm{T}}Qz + 2z^{\mathrm{T}}PB\frac{h}{h_{\max}}\left[\sum_{j=0}^{1}\Delta_j(z) - \sum_{j=0}^{1}F_j\left(\frac{z}{\rho}\right)\right] + 2z^{\mathrm{T}}PB[r(z,t) + \Delta h \cdot u_1 + (h + \Delta h)u_2]$$

$$+ \gamma^{-1}\rho\dot{\rho} + \mu^{-1}\sum_{j=0}^{1}\tilde{L}_j\dot{\hat{L}}_j + \delta^{-1}\sum_{j=0}^{1}\tilde{N}_j\dot{\hat{N}}_j \qquad (4\text{-}16)$$

令 $a = \dfrac{\eta(z,t)}{h_{\min}}\mathrm{sign}(B^{\mathrm{T}}Pz)$，$b = -\dfrac{\omega(z,t) + \eta(z,t)|u_1|}{h_{\min}}\mathrm{sign}(B^{\mathrm{T}}Pz)$，则控制器 u_2 可以表示为

$$u_2 = b - a|u_2| = -\frac{\omega(z,t) + \eta(z,t)|u_1|}{h_{\min}}\mathrm{sign}(B^{\mathrm{T}}Pz) - a|u_2|$$

$$= -\frac{\omega(z,t) + \eta(z,t)|u_1|}{h_{\min}}\mathrm{sign}(B^{\mathrm{T}}Pz) - \frac{\eta(z,t)}{h_{\min}}\mathrm{sign}(B^{\mathrm{T}}Pz)|u_2|$$

$$= -\frac{\omega(z,t) + \eta(z,t)[|u_1| + |u_2|]}{h_{\min}}\mathrm{sign}(B^{\mathrm{T}}Pz) \qquad (4\text{-}17)$$

从式（4-17）可知，如下不等式成立：

$$2z^{\mathrm{T}}PB[r(z,t) + \Delta h(u_1 + u_2) + hu_2] = 2hz^{\mathrm{T}}PB\left[u_2 + \frac{r(z,t) + \Delta h(u_1 + u_2)}{h}\right]$$

$$= 2hz^{\mathrm{T}}PB\left[-\frac{\omega(z,t) + \eta(z,t)[|u_1| + |u_2|]}{h_{\min}}\mathrm{sign}(B^{\mathrm{T}}Pz) + \frac{r(z,t) + \Delta h(u_1 + u_2)}{h}\right]$$

$$= 2h\left\{-\frac{\omega(z,t) + \eta(z,t)[|u_1| + |u_2|]}{h_{\min}}|z^{\mathrm{T}}PB| + z^{\mathrm{T}}PB\frac{r(z,t) + \Delta h(u_1 + u_2)}{h}\right\}$$

$$\leqslant 2h\left\{-\frac{\omega(z,t) + \eta(z,t)[|u_1| + |u_2|]}{h_{\min}}|z^{\mathrm{T}}PB| + |z^{\mathrm{T}}PB|\frac{|r(z,t)| + |\Delta h|(|u_1| + |u_2|)}{h_{\min}}\right\}$$

$$= 2h|z^{\mathrm{T}}PB|\left\{-\frac{\omega(z,t) + \eta(z,t)[|u_1| + |u_2|]}{h_{\min}} + \frac{|r(z,t)| + |\Delta h|(|u_1| + |u_2|)}{h_{\min}}\right\} \leqslant 0 \qquad (4\text{-}18)$$

由于 $L_j^2 = (\hat{L}_j - \tilde{L}_j)^2$，$N_j^2 = (\hat{N}_j - \tilde{N}_j)^2$，等式 $\tilde{L}_j\hat{L}_j = \dfrac{1}{2}(\hat{L}_j^2 + \tilde{L}_j^2 - L_j^2)$，$\tilde{N}_j\hat{N}_j = \dfrac{1}{2}(\hat{N}_j^2 + \tilde{N}_j^2 - N_j^2)$ 成立，如下不等式成立：

$$\dot{V}(t) \leqslant -z^{\mathrm{T}}Qz + 2\|z\| \cdot \|PB\|\left[\sum_{j=0}^{1}L_j\alpha|\rho - 1| + \sum_{j=0}^{1}N_j\right] + \gamma^{-1}\rho\dot{\rho} + \mu^{-1}\sum_{j=0}^{1}\tilde{L}_j\dot{\hat{L}}_j + \delta^{-1}\sum_{j=0}^{1}\tilde{N}_j\dot{\hat{N}}_j$$

$$\leqslant -\lambda_{\min}(Q)\|z\|^2 + 2\alpha^2|\rho| \cdot |\rho - 1| \cdot \|PB\|\left(\sum_{j=0}^{1}\hat{L}_j - \sum_{j=0}^{1}\tilde{L}_j\right) + 2\alpha|\rho| \cdot \|PB\|\left(\sum_{j=0}^{1}\hat{N}_j - \sum_{j=0}^{1}\tilde{N}_j\right)$$

$$+\gamma^{-1}\rho\dot{\rho} + \mu^{-1}\sum_{j=0}^{1}\tilde{L}_j\dot{\hat{L}}_j + \delta^{-1}\sum_{j=0}^{1}\tilde{N}_j\dot{\hat{N}}_j$$

$$= -\lambda_{\min}(Q)\|z\|^2 + \left\{2\alpha^2|\rho|\cdot|\rho-1|\cdot\|PB\|\sum_{j=0}^{1}\hat{L}_j + 2\alpha|\rho|\cdot\|PB\|\sum_{j=0}^{1}\hat{N}_j + \gamma^{-1}\rho\dot{\rho}\right\}$$

$$+ \sum_{j=0}^{1}\tilde{L}_j\{-2\alpha^2|\rho|\cdot|\rho-1|\cdot\|PB\| + \mu^{-1}\dot{\hat{L}}_j\} + \sum_{j=0}^{1}\tilde{N}_j\{\delta^{-1}\dot{\hat{N}}_j - 2\alpha|\rho|\cdot\|PB\|\}$$

$$= -\lambda_{\min}(Q)\|z\|^2 - \frac{\lambda_{\min}(Q)}{2\lambda_{\max}(P)}\gamma^{-1}\rho^2 + \gamma^{-1}\left[\frac{\lambda_{\min}(Q)}{2\lambda_{\max}(P)}\rho^2 + 2\alpha^2\gamma|\rho|\cdot|\rho-1|\cdot\|PB\|\sum_{j=0}^{1}\hat{L}_j\right.$$

$$\left. + 2\alpha\gamma|\rho|\cdot\|PB\|\sum_{j=0}^{1}\hat{N}_j + \rho\dot{\rho}\right] - \frac{\lambda_{\min}(Q)}{\lambda_{\max}(P)}\mu^{-1}\sum_{j=0}^{1}\tilde{L}_j\hat{L}_j$$

$$+ \sum_{j=0}^{1}\tilde{L}_j\left\{\frac{\lambda_{\min}(Q)}{\lambda_{\max}(P)}\mu^{-1}\hat{L}_j - 2\alpha^2|\rho|\cdot|\rho-1|\cdot\|PB\| + \mu^{-1}\dot{\hat{L}}_j\right\} - \frac{\lambda_{\min}(Q)}{\lambda_{\max}(P)}\delta^{-1}\sum_{j=0}^{1}\tilde{N}_j\hat{N}_j$$

$$+ \sum_{j=0}^{1}\tilde{N}_j\left\{\frac{\lambda_{\min}(Q)}{\lambda_{\max}(P)}\delta^{-1}\hat{N}_j - 2\alpha|\rho|\cdot\|PB\| + \delta^{-1}\dot{\hat{N}}_j\right\}$$

$$= -\frac{\lambda_{\min}(Q)}{\lambda_{\max}(P)}V(t) + \gamma^{-1}\left[\frac{\lambda_{\min}(Q)}{2\lambda_{\max}(P)}\rho^2 + 2\alpha^2\gamma|\rho|\cdot|\rho-1|\cdot\|PB\|\sum_{j=0}^{1}\hat{L}_j + 2\alpha\gamma|\rho|\cdot\|PB\|\sum_{j=0}^{1}\hat{N}_j + \rho\dot{\rho}\right]$$

$$+ \sum_{j=0}^{1}\tilde{L}_j\mu^{-1}\left[\frac{\lambda_{\min}(Q)}{\lambda_{\max}(P)}\hat{L}_j - 2\alpha^2\mu|\rho|\cdot|\rho-1|\cdot\|PB\| + \dot{\hat{L}}_j\right]$$

$$- \frac{\lambda_{\min}(Q)}{2\lambda_{\max}(P)}\mu^{-1}\sum_{j=0}^{1}\hat{L}_j^2 + \frac{\lambda_{\min}(Q)}{2\lambda_{\max}(P)}\mu^{-1}\sum_{j=0}^{1}L_j^2$$

$$+ \sum_{j=0}^{1}\tilde{N}_j\delta^{-1}\left[\frac{\lambda_{\min}(Q)}{\lambda_{\max}(P)}\hat{N}_j - 2\alpha\delta|\rho|\cdot\|PB\| + \dot{\hat{N}}_j\right]$$

$$- \frac{\lambda_{\min}(Q)}{2\lambda_{\max}(P)}\delta^{-1}\sum_{j=0}^{1}\hat{N}_j^2 + \frac{\lambda_{\min}(Q)}{2\lambda_{\max}(P)}\delta^{-1}\sum_{j=0}^{1}N_j^2 \tag{4-19}$$

由式（4-10）～（4-13）可知，式（4-19）等价于

$$\dot{V}(t) \leqslant -\frac{\lambda_{\min}(Q)}{\lambda_{\max}(P)}V(t) + \frac{\lambda_{\min}(Q)}{2\lambda_{\max}(P)}\mu^{-1}\sum_{j=0}^{1}L_j^2 + \frac{\lambda_{\min}(Q)}{2\lambda_{\max}(P)}\delta^{-1}\sum_{j=0}^{1}N_j^2 \tag{4-20}$$

对式（4-20）在时间 $[0,t]$ 求积分，可得

$$V(t) \leq \mathrm{e}^{-\frac{\lambda_{\min}(Q)}{\lambda_{\max}(P)}t}\left[V(0) + \frac{\lambda_{\min}(Q)}{2\lambda_{\max}(P)}\sum_{j=0}^{1}\left(\frac{L_j^2}{\mu}+\frac{N_j^2}{\delta}\right)\int_0^t \mathrm{e}^{\frac{\lambda_{\min}(Q)}{\lambda_{\max}(P)}\tau}\mathrm{d}\tau\right]$$

$$= \mathrm{e}^{-\frac{\lambda_{\min}(Q)}{\lambda_{\max}(P)}t}\left[V(0) + \frac{1}{2}\sum_{j=0}^{1}\left(\frac{L_j^2}{\mu}+\frac{N_j^2}{\delta}\right)(\mathrm{e}^{\frac{\lambda_{\min}(Q)}{\lambda_{\max}(P)}t}-1)\right]$$

$$\leq V(0)\mathrm{e}^{-\frac{\lambda_{\min}(Q)}{\lambda_{\max}(P)}t} + \frac{1}{2}\sum_{j=0}^{1}\left(\frac{L_j^2}{\mu}+\frac{N_j^2}{\delta}\right) \qquad (4\text{-}21)$$

从式（4-21）可知，如果对任一给定的正实数 σ，不等式 $t \geq -\dfrac{\lambda_{\max}(P)}{\lambda_{\min}(Q)}\ln\dfrac{\sigma}{V(0)}$ 成

立，则 $V(t) \leq \sigma + \dfrac{1}{2}\displaystyle\sum_{j=0}^{1}\left(\frac{L_j^2}{\mu}+\frac{N_j^2}{\delta}\right)$ 成立。因此，如下不等式成立：

$$\|z\| \leq \sqrt{\frac{\sigma + 0.5\sum_{j=0}^{1}\left(\frac{L_j^2}{\mu}+\frac{N_j^2}{\delta}\right)}{\lambda_{\min}(P)}}, \qquad \rho \leq \sqrt{2\gamma\sigma + \gamma\sum_{j=0}^{1}\left(\frac{L_j^2}{\mu}+\frac{N_j^2}{\delta}\right)}$$

$$\sum_{j=0}^{1}\tilde{N}_j^2 \leq 2\delta\sigma + \delta\sum_{j=0}^{1}\left(\frac{L_j^2}{\mu}+\frac{N_j^2}{\delta}\right), \qquad \sum_{j=0}^{1}\tilde{L}_j^2 \leq 2\mu\sigma + \mu\sum_{j=0}^{1}\left(\frac{L_j^2}{\mu}+\frac{N_j^2}{\delta}\right) \quad (4\text{-}22)$$

由不等式（4-22）可知，扩展系统（4-5）是一致终极有界的，证明完毕。

注4.2 从式（4-10）～（4-13）可以看出本节所设计方法和以往文献中方法的不同之处：自适应律（4-10）～（4-13）分别与可调参数 ρ、Lipschitz 常数和逼近精度有关，因此自适应律仅仅依靠这三个变量的变化而自动调节，这就意味着自适应律数目的设计不会因模糊规则的增加而改变，这就是本方法最主要的优点。

为了概括上面的分析，自适应模糊控制器的设计步骤如下。

步骤1：验证假设4.1是否满足系统（4-1），如果满足，进行下一步，否则此方法失效。

步骤2：定义饱和度 α_j 和最小饱和度 α 使其满足 $\{z\|\|z\| \leq \alpha\} \subseteq \tilde{V}$，进行下一步。

步骤3：建立模糊逻辑系统分别用来逼近不确定非线性函数 $\Delta_j(z)$（$j=0,1$）。

步骤4：设计控制器（4-10）、参数调节律（4-11）、自适应律（4-12）和（4-13）。

综合以上控制器的设计步骤，对系统（4-1）实施控制计划，如图4-1所示。

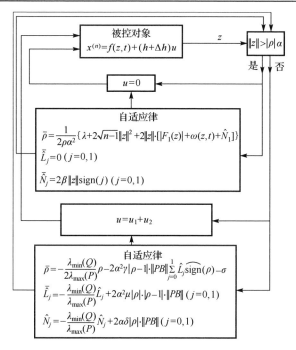

图 4-1　在控制器（4-10）和调节律（4-11）～（4-13）作用下对系统（4-1）的控制过程框图

4.1.3　数值算例

例 4.1　考虑一个倒立摆系统[2]，它的动态方程为

$$\ddot{x} = \bar{f}(z) + (h + \Delta h)u \tag{4-23}$$

其中，$z = [x \quad \dot{x}]^{\mathrm{T}}$；$x$ 是摆角位置；$\dot{x}$ 是摆的速度；u 是外加给小车的动力；h 是一未知常数；$\bar{f}(z)$ 和 $\Delta h = \Delta h(z)$ 是未知连续函数并满足假设 4.1，考虑情况 $|x| \leqslant 22\pi / 45$（$= 88°$）。因此，可以假设 $1.45 \leqslant h \leqslant 2$，$|\Delta h| \leqslant \eta(z, t) = 1.4$。

选择状态 z 的紧致集合为 $\tilde{V} = \bar{I}_1 \times \bar{I}_2 = [-30, 30] \times [-30, 30]$，矩阵 $K = [-10 \quad -12]$，最大饱和度选为 $\alpha = 30$。需要建立模糊逻辑系统去分别逼近假设 4.2 中的 $\Delta_0(z)$ 与 $\Delta_1(z)$。利用文献[3]中的方法，模糊逻辑系统可以用 $F_0(z) = -(h_{\max} / h_{\min})Kz$ 精确代替。构造带有 4 条规则的模糊逻辑系统 $F_1(z)$ 为 $F_1^l \times F_2^l \to B^l$（$l = 1, 2, 3, 4$），并选用隶属函数为：$\mu_{F_1^1}(z_1) = \exp[-(z_1 - 1)^2]$，$\mu_{F_2^1}(z_2) = \exp[-(z_2 - 30)^2]$；$\mu_{F_1^2}(z_1) = \exp[-(z_1 + 30)^2]$，$\mu_{F_2^2}(z_2) = \exp[-(z_2 - 10)^2]$；$\mu_{F_1^3}(z_1) = \exp[-(z_1 + 10)^2]$，$\mu_{F_2^3}(z_2) = \exp[-(z_2 + 30)^2]$；$\mu_{F_1^4}(z_1) = \exp[-(z_1 - 10)^2]$，$\mu_{F_2^4}(z_2) = \exp[-(z_2 + 1)^2]$；$\mu_{B^1}(y) = \exp[-(y + 20)^2]$，$\mu_{B^2}(y) = \exp[-(y - 15)^2]$，$\mu_{B^3}(y) = \exp[-(y - 40)^2]$，$\mu_{B^4}(y) = \exp[-(y + 10)^2]$。模糊逻

辑系统的输出采用文献[4]中的解模糊化方法，仿真中的参数选取为 $\delta = 0.1$，$\gamma = 0.01$，$\varepsilon = 0.7$，$\lambda = 1000$，$\beta = 0.02$，$\mu = 0.004$。在下面的仿真中，考虑两种情况。

（1）选取如下的状态和参数初始条件（此情形称为小角度情况）：

$$(x_1^1(0), x_2^1(0)) = (10°, 0)，\quad (\rho^1(0), \hat{L}_0^1(0), \hat{L}_1^1(0), \hat{N}_0^1(0), \hat{N}_1^1(0)) = (0.5, 0.2, 0.3, 0.5, 0.4)$$

$$(x_1^2(0), x_2^2(0)) = (25°, 0)，\quad (\rho^2(0), \hat{L}_0^2(0), \hat{L}_1^2(0), \hat{N}_0^2(0), \hat{N}_1^2(0)) = (0.6, 0.3, 0.4, 0.6, 0.5)$$

$$(x_1^3(0), x_2^3(0)) = (40°, 0)，\quad (\rho^3(0), \hat{L}_0^3(0), \hat{L}_1^3(0), \hat{N}_0^3(0), \hat{N}_1^3(0)) = (0.7, 0.4, 0.5, 0.7, 0.6)$$

由上面的初始值，采用本节中所给的自适应控制方法与文献[2]中的模糊控制方法相比较，相应的仿真结果如图 4-2 和图 4-3 所示。其中图 4-2 中，点线代表文献[2]中所用方法状态时间响应，实线、虚线、点划线代表本节中所设计方法的状态时间响应。

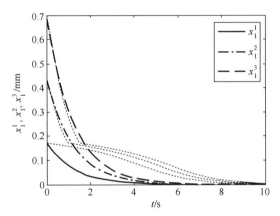

图 4-2　小角度情况系统（4-23）状态时间响应

从图 4-2 可以看出，在小角度的情况下，系统（4-23）采用本节所设计的自适应模糊控制器比文献[2]中设计的控制器到达平衡位置所需的时间少，这体现了本节设计方法的时间响应较快的优点。

（2）选择另外三组初始条件（此情形称为大角度情况）：

$$(x_1^4(0), x_2^4(0)) = (60°, 0)，\quad (\rho^4(0), \hat{L}_0^4(0), \hat{L}_1^4(0), \hat{N}_0^4(0), \hat{N}_1^4(0)) = (0.8, 0.5, 0.4, 0.6, 0.7)$$

$$(x_1^5(0), x_2^5(0)) = (70°, 0)，\quad (\rho^5(0), \hat{L}_0^5(0), \hat{L}_1^5(0), \hat{N}_0^5(0), \hat{N}_1^5(0)) = (0.9, 0.6, 0.5, 0.7, 0.8)$$

$$(x_1^6(0), x_2^6(0)) = (80°, 0)，\quad (\rho^6(0), \hat{L}_0^6(0), \hat{L}_1^6(0), \hat{N}_0^6(0), \hat{N}_1^6(0)) = (1, 0.7, 0.6, 0.8, 0.9)$$

和文献[2]相比，在大角度初始条件下，相应的仿真如图 4-4 和图 4-5 所示。图中点线代表文献[2]中所用方法状态时间响应，实线、虚线、点划线代表本节中所设计方法的状态时间响应。

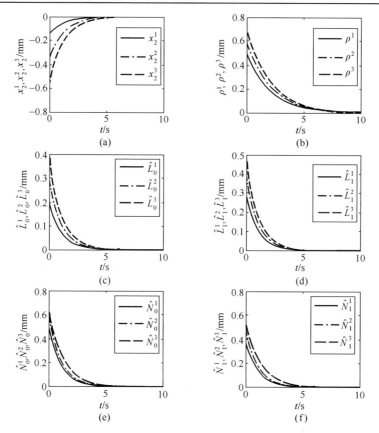

图 4-3　小角度情况系统（4-23）中摆的速度，参数 ρ，
估计值 $\hat{L}_0$、 $\hat{L}_1$，估计值 $\hat{N}_0$、 $\hat{N}_1$ 在初始条件下的时间响应

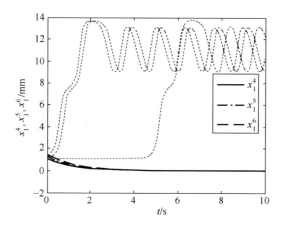

图 4-4　大角度情况系统（4-23）状态时间响应

由仿真图 4-4 可以看出，在初始值为大角度的条件下，如果用文献[2]中的控制

方法，则系统（4-23）的状态不能达到平衡点，但是用本节所给的控制器设计方法，系统能较好地达到平衡点，这就足以说明本节所给方法具有很好的控制效果。

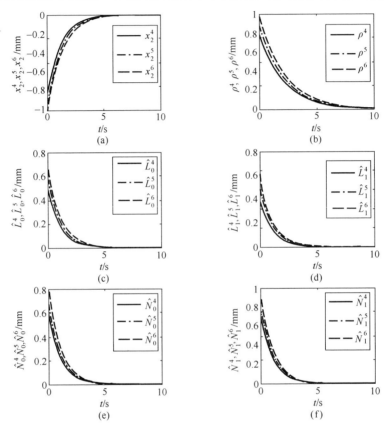

图 4-5　大角度情况系统（4-23）中摆的速度，参数 ρ，估计值 $\hat{L}_0$、$\hat{L}_1$，

估计值 $\hat{N}_0$、$\hat{N}_1$ 在初始条件下的时间响应

从上面的仿真结果可以看出，本节所给控制器设计方法和文献[2]相比，不仅可以实现大初始角度的条件稳定，而且自适应律的个数大大减少，同时自适应律会随着逼近精度自动在线调节。

4.2　一类不确定非线性系统的跟踪控制问题

4.2.1　问题描述

考虑如下形式的单输入、单输出（SISO）带有外界干扰的非线性动态系统：

$$\begin{cases} x^{(n)} = f(\overline{x},t) + g(\overline{x})u + d \\ y = x \end{cases} \tag{4-24}$$

其中，状态向量 $\overline{x} = (x,\dot{x},\cdots,x^{(n-1)})^{\mathrm{T}} = (x_1,x_2,\cdots,x_n)^{\mathrm{T}} \in \widetilde{V} \subseteq \mathbf{R}^n$ 假设是可测的，$\widetilde{V}$ 是一紧致闭集；$f(\overline{x},t)$ 和 $g(\overline{x})$ 是不确定连续函数；输出 $y = x \in \mathbf{R}$；控制输入 $u \in \mathbf{R}$；d 代表不确定但有界的外部干扰。

对任意给定的信号 $y_r = y_r(t)$，跟踪轨迹定义为 $e = e(t) = y(t) - y_r(t)$，轨迹的各阶导数定义为 $\dot{e} = \dot{y} - \dot{y}_r$，$\ddot{e} = \ddot{y} - \ddot{y}_r$，$\cdots$，$e^{(n-1)} = y^{(n-1)} - y_r^{(n-1)}$。跟踪信号向量记为 $\overline{y}_r = (y_r,\dot{y}_r,\cdots,y_r^{(n-1)})$ 并假设这些误差信号是可以测量的，则有 $x^{(n)} = e^{(n)} + y_r^{(n)}$。系统（4-24）可以表示为如下形式：

$$e^{(n)} = f(\overline{x},t) + g(\overline{x})u + d - y_r^{(n)} \tag{4-25}$$

假设 4.3　（1）在紧致集合 $\widetilde{V}$ 上，$f(\overline{x},t) = \overline{f}(\overline{x}) + r(\overline{x},t)$，其中 $\overline{f}(\overline{x})$ 是一个未知非线性函数并且存在一个 Lipschitz 常数 S 满足 $|\overline{f}(x_1) - \overline{f}(x_2)| \leqslant S\|x_1 - x_2\|$；$r(\overline{x},t)$ 是未知余项且满足 $|r(\overline{x},t)| \leqslant \omega(\overline{x},t)$，这里 $\omega(\overline{x},t)$ 是一个已知连续函数。

（2）$g(\overline{x})$ 是有界函数并满足 $g_{\min} < |g(\overline{x})| < g_{\max}$，这里正常数 $g_{\min}$ 和 $g_{\max}$ 是两个已知的下界和上界值。

（3）$y_r^{(n)}$ 有界且满足 $|y_r^{(n)}| \leqslant \psi$，其中 ψ 是一个已知正常数。

假设 4.4　（1）在假设 4.3 成立的条件下，存在一个模糊逻辑系统 F_1 和未知正常数 N_1 使得 $\sup\limits_{\overline{x} \in \widetilde{V}_1} |\Delta_1(\overline{x}) - F_1(\overline{x})| \leqslant N_1$ 成立，这里 $\Delta_1(\overline{x}) = \dfrac{g_{\max}}{g(\overline{x})}\overline{f}(\overline{x})$。

（2）存在一个模糊逻辑系统 F_2 和未知正常数 N_2 满足 $\sup\limits_{z \in \widetilde{V}_2} |\Delta_2(z) - F_2(z)| \leqslant N_2$，其中 $\Delta_2(z) = -\dfrac{g_{\max}}{g(\overline{x})}Kz$。

本节的控制目标是设计一个控制器 u 使得输出向量可以跟踪给定的信号 y_r。

4.2.2　主要结论

令 $\hat{N} = \hat{N}(t)$ 和 $\hat{L} = \hat{L}(t)$ 分别代表向量 N 和 L 估计值。其中 $N = (N_1, N_2)^{\mathrm{T}}$，$L = (L_1, L_2)^{\mathrm{T}}$，$\hat{N} = (\hat{N}_1, \hat{N}_2)^{\mathrm{T}}$，$\hat{L} = (\hat{L}_1, \hat{L}_2)^{\mathrm{T}}$，引入符号 $\tilde{N} = \hat{N} - N$ 与 $\tilde{L} = \hat{L} - L$ 分别代表估计误差。考虑如下的扩展闭环系统：

$$\dot{z} = Az + B[f(\overline{x},t) + g(\overline{x})u + d - y_r^{(n)}], \quad y = x \tag{4-26}$$

$$\dot{\rho} = \vartheta(z,\rho,\hat{L},\hat{N}) \tag{4-27}$$

$$\dot{\hat{L}} = \chi(z,\rho,\hat{L},\hat{N}) \tag{4-28}$$

$$\dot{\hat{N}} = \pi(z, \rho, \hat{L}, \hat{N}) \tag{4-29}$$

$$u = u(z, \rho) \tag{4-30}$$

其中，矩阵 A、B 同式（3-2）；误差向量 $z = (e, \dot{e}, \cdots, e^{(n-1)})^{\mathrm{T}} \in \tilde{V} \in \mathbf{R}^n$。$\mathbb{Z} = (z^{\mathrm{T}}, \rho, \hat{L}^{\mathrm{T}}, \hat{N}^{\mathrm{T}})^{\mathrm{T}}$ 表示扩展系统（4-27）～（4-30）的扩展状态；映射 $\vartheta(*)$ 表示可调参数 ρ 的变化律，映射 $\chi(*)$ 与 $\pi(*)$ 分别表示 L 和 N 的估计值的自适应律。控制器（4-30）是根据以下控制目标设计的。

控制目标：①设计控制器（4-30）使得系统的输出 y 渐近跟踪参考信号；②使得闭环系统的所有信号有界。

由于矩阵对 (A, B) 是完全可控的，一定存在一个 $1 \times n$ 矩阵 K 使得 $A + BK$ 是 Hurwitz 稳定矩阵。即对一任意给定的正定矩阵 Q，如下的 Lyapunov 方程一定存在一正定解矩阵 P：

$$(A + BK)^{\mathrm{T}} P + P(A + BK) = -Q \tag{4-31}$$

假设 4.5 最小饱和度 α 满足 $\{\bar{x} \| \bar{x} \| \le \alpha\} \subseteq \tilde{V}_1$，$\{z \| z \| \le \alpha\} \subseteq \tilde{V}_2$。

定理 4.2 考虑扩展系统（4-26）～（4-30），如果假设 4.3～假设 4.5 成立，采用如下控制器（4-32）和调节律（4-33）～（4-37）：

$$u = \begin{cases} 0, & \|z\| > \alpha|\rho| \\ u_1 + u_2, & \|z\| \le \alpha|\rho| \end{cases} \tag{4-32}$$

其中，$u_1 = -\dfrac{1}{g_{\max}} F_1\left(\dfrac{\bar{x}}{\rho}\right)$，$u_2 = -\dfrac{1}{g_{\max}} F_2\left(\dfrac{z}{\rho}\right)$。

参数更新律为

$$\dot{\rho} = \begin{cases} \dfrac{1}{2\alpha^2 \rho} \{\lambda + 2\sqrt{n-1} \|z\|^2 + 2\|z\| [\hat{N}_1 + |F_1(\bar{x})| + \omega(\bar{x}, t) + d_{\max} + \psi]\}, & \|z\| > |\rho|\alpha \\ -\gamma\rho - \gamma\hat{L}_1\alpha^2 \|PB\| |\rho - 1| \widehat{\mathrm{sign}}(\rho) - \sigma, & \|z\| \le |\rho|\alpha \end{cases} \tag{4-33}$$

其中，$\sigma = \gamma\alpha^2 \|PB\| |\rho - 1| \widehat{\mathrm{sign}}(\rho)\hat{L}_2 + \gamma\alpha\|PB\| \hat{N}_2 \widehat{\mathrm{sign}}(\rho) + \gamma\alpha\|PB\| \widehat{\mathrm{sign}}(\rho)[\omega(\bar{x}, t) + d_{\max} + \psi] + \gamma\alpha\|PB\| \hat{N}_1 \widehat{\mathrm{sign}}(\rho)$。

$$\dot{\hat{L}}_j = 0, \quad \|z\| > |\rho|\alpha, \quad j = 1, 2 \tag{4-34}$$

$$\dot{\hat{L}}_j = -\varepsilon\hat{L}_j + \alpha^2\varepsilon\|PB\| |\rho - 1| |\rho|, \quad \|z\| \le |\rho|\alpha \tag{4-35}$$

$$\dot{\hat{N}}_1 = \begin{cases} 2\delta\|z\|, & \|z\| > |\rho|\alpha \\ -\mu\hat{N}_1 + \alpha\mu|\rho| \cdot \|PB\|, & \|z\| \le |\rho|\alpha \end{cases} \tag{4-36}$$

$$\dot{N}_2 = \begin{cases} 0, & \|z\| > |\rho|\alpha \\ -\mu\hat{N}_2 + \alpha\mu|\rho|\cdot\|PB\|, & \|z\| \leqslant |\rho|\alpha \end{cases} \tag{4-37}$$

其中，参数 λ、γ、ε、μ 和 δ 是给定的正常数，则系统的输出可以渐近跟踪参考信号，且保证所有信号有界。

证明：情形（1）：$\|z\| > |\rho|\alpha$。

在此情形下，采用开环控制并利用假设 4.4 中的模糊逻辑系统 F_1 来逼近不确定连续函数 $\Delta_1(\overline{x})$。令 $s = s(z, \rho, \tilde{L}, \tilde{N}) = \|z\|^2 - \rho^2\alpha^2 + 0.5\eta^{-1}\tilde{L}^{\mathrm{T}}\tilde{L} + 0.5\delta^{-1}\tilde{N}^{\mathrm{T}}\tilde{N}$，知 $s > 0$，选择函数 $V(t) = \dfrac{1}{2}s^2$，则函数 $V(t)$ 沿扩展系统（4-26）$\sim$（4-30）对时间 t 微分为

$$\dot{V}(t) = s\dot{s} = s\,[\dot{z}^{\mathrm{T}}z + z^{\mathrm{T}}\dot{z} - 2\alpha^2\rho\dot{\rho} + \eta^{-1}\tilde{L}^{\mathrm{T}}\dot{\tilde{L}} + \delta^{-1}\tilde{N}^{\mathrm{T}}\dot{\tilde{N}}]$$

$$\leqslant s\{2\|A\|\|z\|^2 + 2\|z\|[|f(\overline{x})| + |r(\overline{x},t)| + |d - y_r^{(n)}|] - 2\alpha^2\rho\dot{\rho} + \eta^{-1}\tilde{L}^{\mathrm{T}}\dot{\tilde{L}} + \delta^{-1}\tilde{N}^{\mathrm{T}}\dot{\tilde{N}}\}$$

$$\leqslant s\{2\sqrt{n-1}\|z\|^2 + 2\|z\|\|\Delta_1(\overline{x}) - F_1(\overline{x})\| + 2\|z\|\|F_1(\overline{x})\| + 2\|z\|\omega(\overline{x},t) + 2\|z\||d - y_r^{(n)}|$$

$$-2\alpha^2\rho\dot{\rho} + \eta^{-1}\tilde{L}^{\mathrm{T}}\dot{\tilde{L}} + \delta^{-1}\tilde{N}^{\mathrm{T}}\dot{\tilde{N}}\}$$

$$= s\{2\sqrt{n-1}\|z\|^2 + 2\|z\|\hat{N}_1 + 2\|z\|\|F_1(\overline{x})\| + 2\|z\|[\omega(\overline{x},t) + d_{\max} + \psi] - 2\alpha^2\rho\dot{\rho}$$

$$+\tilde{N}_1(\delta^{-1}\dot{\hat{N}}_1 - 2\|z\|) + \eta^{-1}\tilde{L}_1\dot{\hat{L}}_1 + \eta^{-1}\tilde{L}_2\dot{\hat{L}}_2 + \delta^{-1}\tilde{N}_2\dot{\hat{N}}_2\} = -\lambda s \tag{4-38}$$

由文献[1]知，式（4-38）意味着扩展系统（4-26）$\sim$（4-30）的状态 $\mathbb{Z} = (z^{\mathrm{T}}, \rho, \tilde{L}^{\mathrm{T}}, \hat{N}^{\mathrm{T}})^{\mathrm{T}}$ 在有限时间内可以到达滑模面 $s = 0$。因此，满足 $\{\mathbb{Z} | s = 0\} \subseteq D$。

情形（2）：$\|z\| \leqslant |\rho|\alpha$。

采用如图 2-3 和图 2-4 的扩展模糊逻辑系统来设计控制器 $u = u_1 + u_2$。为了证明扩展系统（4-26）$\sim$（4-30）的状态一直有界，选取如下 Lyapunov 函数：

$$V_z(t) = \frac{1}{2}z^{\mathrm{T}}Pz + \frac{1}{2\gamma}\rho^2 + \frac{1}{2\varepsilon}\sum_{j=1}^{2}\tilde{L}_j^2 + \frac{1}{2\mu}\sum_{j=1}^{2}\tilde{N}_j^2 \tag{4-39}$$

要让误差 $x_i = y_r^{(i-1)} - e^{(i-1)}$ 满足有界，需要函数 $V_z(t)$ 有界。函数 $V_z(t)$ 沿扩展系统（4-26）$\sim$（4-30）的导数为

$$\dot{V}_z(t) = \frac{1}{2}z^{\mathrm{T}}(A^{\mathrm{T}}P + P^{\mathrm{T}}A)z + z^{\mathrm{T}}PBKz + z^{\mathrm{T}}PB[f(\overline{x}) - Kz + r(\overline{x},t) + g(\overline{x})u + d - y_r^{(n)}]$$

$$+\gamma^{-1}\rho\dot{\rho} + \varepsilon^{-1}\sum_{j=1}^{2}\tilde{L}_j\dot{\tilde{L}}_j + \mu^{-1}\sum_{j=1}^{2}\tilde{N}_j\dot{\tilde{N}}_j$$

$$
\begin{aligned}
&= -\frac{1}{2} z^{\mathrm{T}} Q z + z^{\mathrm{T}} P B \left\{ \frac{g(\overline{x})}{g_{\max}} \left[\frac{g_{\max}}{g(\overline{x})} f(\overline{x}) - F_1\left(\frac{\overline{x}}{\rho}\right) \right] + \frac{g(\overline{x})}{g_{\max}} \left[\frac{g_{\max}}{g(\overline{x})} K z - F_2\left(\frac{z}{\rho}\right) \right] \right\} \\
&\quad + z^{\mathrm{T}} P B [r(\overline{x},t) + d - y_r^{(n)}] + \gamma^{-1} \rho \dot{\rho} + \varepsilon^{-1} \sum_{j=1}^{2} \tilde{L}_j \dot{\tilde{L}}_j + \mu^{-1} \sum_{j=1}^{2} \tilde{N}_j \dot{\tilde{N}}_j \\
&\leqslant -\frac{1}{2} z^{\mathrm{T}} Q z + \|z\| \|PB\| \left| \Delta_1(\overline{x}) - F_1\left(\frac{\overline{x}}{\rho}\right) \right| + \|z\| \|PB\| \left| \Delta_2(z) - F_2\left(\frac{z}{\rho}\right) \right| \\
&\quad + \|z\| \|PB\| [\omega(\overline{x},t) + |d_{\max} - y_r^{(n)}|] + \gamma^{-1} \rho \dot{\rho} + \varepsilon^{-1} \sum_{j=1}^{2} \tilde{L}_j \dot{\tilde{L}}_j + \mu^{-1} \sum_{j=1}^{2} \tilde{N}_j \dot{\tilde{N}}_j \\
&= -\frac{1}{2} \lambda_{\min}(Q) \|z\|^2 + \hat{L}_1 \alpha^2 \|PB\| |\rho - 1| |\rho| + \alpha |\rho| \|PB\| \hat{N}_1 + \hat{L}_2 \alpha^2 \|PB\| |\rho - 1| |\rho| \\
&\quad + \alpha |\rho| \|PB\| \hat{N}_2 + \alpha |\rho| \|PB\| [\omega(\overline{x},t) + d_{\max} + \psi] + \gamma^{-1} \rho \dot{\rho} + \tilde{L}_1 [\varepsilon^{-1} \dot{\hat{L}}_1 - \alpha^2 \|PB\| |\rho - 1| |\rho|] \\
&\quad + \tilde{L}_2 [\varepsilon^{-1} \dot{\hat{L}}_2 - \alpha^2 \|PB\| |\rho - 1| |\rho|] + \tilde{N}_1 [\mu^{-1} \dot{\hat{N}}_1 - \alpha |\rho| \|PB\|] \\
&\quad + \tilde{N}_2 [\mu^{-1} \dot{\hat{N}}_2 - \alpha |\rho| \|PB\|] \tag{4-40}
\end{aligned}
$$

由式（4-32）～（4-37），可得

$$
\tilde{L}_1 [\varepsilon^{-1} \dot{\hat{L}}_1 - \alpha^2 \|PB\| |\rho - 1| |\rho|] = -\tilde{L}_1 (\tilde{L}_1 + L_1) \leqslant -\tilde{L}_1^2 + \frac{1}{2} \tilde{L}_1^2 + \frac{1}{2} L_1^2 = -\frac{1}{2} \tilde{L}_1^2 + \frac{1}{2} L_1^2 \tag{4-41}
$$

同理，如下不等式成立：

$$
\tilde{L}_2 [\varepsilon^{-1} \dot{\hat{L}}_2 - \alpha^2 \|PB\| |\rho - 1| |\rho|] \leqslant -\frac{1}{2} \tilde{L}_2^2 + \frac{1}{2} L_2^2 \tag{4-42}
$$

$$
\tilde{N}_1 [\mu^{-1} \dot{\hat{N}}_1 - \alpha |\rho| \|PB\|] \leqslant -\frac{1}{2} \tilde{N}_1^2 + \frac{1}{2} N_1^2 , \quad \tilde{N}_2 [\mu^{-1} \dot{\hat{N}}_2 - \alpha |\rho| \|PB\|] \leqslant -\frac{1}{2} \tilde{N}_2^2 + \frac{1}{2} N_2^2 \tag{4-43}
$$

式（4-41）～（4-43）代入式（4-40）可得

$$
\dot{V}_z(t) \leqslant -\frac{1}{2} \lambda_{\min}(Q) \|z\|^2 - \frac{1}{2} \rho^2 - \frac{1}{2} \sum_{j=1}^{2} \tilde{L}_j^2 - \frac{1}{2} \sum_{j=1}^{2} \tilde{N}_j^2 + \frac{1}{2} \sum_{j=1}^{2} L_j^2 + \frac{1}{2} \sum_{j=1}^{2} N_j^2 \tag{4-44}
$$

令 $\beta = \min\{\lambda_{\min}(Q) / \lambda_{\max}(P), \gamma, \varepsilon, \mu\}$ 和 $\tau = \frac{1}{2} \sum_{j=1}^{2} L_j^2 + \frac{1}{2} \sum_{j=1}^{2} N_j^2$，则式（4-44）可以写成

$$
\dot{V}_z(t) \leqslant -\beta V_z(t) + \tau \tag{4-45}
$$

式（4-45）两边同时乘以 $\mathrm{e}^{\beta t}$，可得

$$
\frac{\mathrm{d}}{\mathrm{d}t} (V_z(t) \mathrm{e}^{\beta t}) \leqslant \tau \mathrm{e}^{\beta t} \tag{4-46}
$$

式（4-46）两边对时间区间 $[0,t]$ 积分可得

$$0 \leqslant V_z(t) \leqslant [V_z(0) - \tau / \beta]\mathrm{e}^{-\beta t} + \tau / \beta \tag{4-47}$$

式（4-47）意味着扩展系统（4-26）～（4-30）中的所有信号是一致有界的，定理 4.2 证毕。

4.2.3　数值算例

例 4.2　考虑倒立摆系统的输出跟踪控制问题，带有外部干扰的系统模型为

$$x^{(2)} = f(\overline{x}) + g(\overline{x})u + d(t) \tag{4-48}$$

给定的跟踪信号为 $y_r = 0.5(\sin(0.5t) + 0.5\sin(2t))$。最小饱和度选为 $\alpha = 10$，假设函数 $f(\overline{x})$ 是未知的，选取紧致闭集为 $\overline{V} = \overline{I}_1 \times \overline{I}_2 = [-10,10] \times [-10,10]$，矩阵为 $K = [-10 \ -20]$。构造模糊逻辑系统 $F_2(z)$ 并用文献[3]中的方法精确表示为 $F_2(z) = -(g_{\max} / g_{\min})Kz$。通过选取 6 条规则 $\overline{A}_1^k \times \overline{A}_2^k \to \overline{B}^k$（$k = 1,2,\cdots,6$）构造模糊逻辑系统 $F_1(x)$。隶属函数选取为：$\mu_{\overline{A}_i^1}(x_i) = 1 / (1 + \exp(x_i + 17\pi / 36))$；$\mu_{\overline{A}_i^2}(x_i) = 1 / (1 + \exp(x_i + \pi / 6))$；$\mu_{\overline{A}_i^3}(x_i) = 1 / (1 + \exp(x_i + \pi / 180))$；$\mu_{\overline{A}_i^4}(x_i) = 1 / (1 + \exp(x_i - \pi / 180))$；$\mu_{\overline{A}_i^5}(x_i) = 1 / (1 + \exp(x_i - \pi / 6))$；$\mu_{\overline{A}_i^6}(x_i) = 1 / (1 + \exp(x_i - 17\pi / 36))$。$\mu_{\overline{B}^k}(\overline{y}_1) = \exp(-(\overline{y}_1 + b_k)^2)$，$b_k = -10,-5,-0.2,0.2,5,10$。

采用文献[4]中模糊逻辑系统的输出表示方法，仿真中的参数选取为 $\delta = 0.7$，$\gamma = 0.3$，$\varepsilon = 0.5$，$\lambda = 10$，$\mu = 1$。状态的初始值为：$x(0) = \pi / 18$；$\dot{x}(0) = 0$；$\rho(0) = 0.8$；$\hat{L}_1(0) = 0.7$；$\hat{L}_2(0) = 0.5$；$\hat{N}_1(0) = 0.4$；$\hat{N}_2(0) = 0.6$。外界干扰选取为 $d(t) = 1.5\sin(2\pi t)$ 时，仿真结果如图 4-6 所示。

如果外界干扰为白噪声，相应的仿真结果如图 4-7 所示。

从上面的仿真结果中可以看出，4.2 节所设计的自适应模糊控制器（4-24）在不同的外界干扰作用下，可以很好地实现系统的跟踪，说明所设计的控制具有较好的鲁棒性能。因为系统（4-48）有两个状态变量，在文献[5]中，设计了 50 个自适应律使得自适应律能保证跟踪误差最小，同样，在文献[6]中，设计了 98 个自适应律。然而，在本节中，只用了 5 个自适应律，这在一定程度上大大减少了自适应律的个数设计。

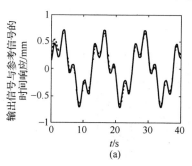
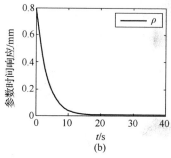

(a)　　　　　　　　　　　(b)

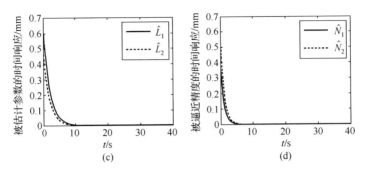

图 4-6　外界干扰为 $d(t)=1.5\sin(2\pi t)$ 时，系统（4-48）的
输出信号 $y(t)$、跟踪信号 $y_r(t)$、自适应律的时间响应

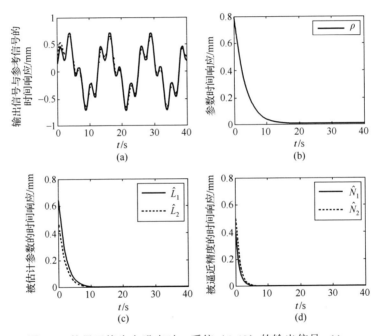

图 4-7　外界干扰为白噪声时，系统（4-48）的输出信号 $y(t)$、
跟踪信号 $y_r(t)$、自适应律的时间响应

参 考 文 献

[1]　Slotine J J E, Li W. 应用非线性控制. 程代展译. 北京: 机械工业出版社, 2006.

[2]　Wang L X. A supervisory controller for fuzzy control systems that guarantees stability. IEEE Transactions on Automatic Control, 1994, 39: 1845-1848.

[3]　Zeng X J, Singh M G. Approximation accuracy analysis of fuzzy systems as function approximators. IEEE Transactions on Fuzzy Systems, 1996, 4: 44-63.

[4]　王立新. 模糊系统与模糊控制教程. 王迎军译. 北京: 清华大学出版社, 2003.

[5]　Wang L X. Stable adaptive fuzzy controllers with application to inverted pendulum tracking. IEEE Transactions on Systems, Man and Cybernetics- B: Cybernetics, 1996, 26: 677-691.

[6]　Chen B S, Lee C H, Chang Y C. H_∞ tracking design of uncertain nonlinear SISO systems: Adaptive fuzzy approach. IEEE Transactions on Fuzzy Systems, 1996, 4: 32-43.

第5章　基于观测器的一类不确定非线性系统的模糊自适应控制

本章对于状态变量不完全可测的非线性系统，首先设计观测器观测出系统的状态，然后利用模糊自适应控制技术来设计控制器。

5.1　问　题　描　述

本节考虑如下形式的单输入、单输出系统：

$$\begin{cases} x^{(n)} = f(\underline{x}) + bu \\ y = x \end{cases} \tag{5-1}$$

其中，系统状态矢量 $\underline{x} = (x, \dot{x}, \cdots, x^{(n-1)})^{\mathrm{T}} = (x_1, x_2, \cdots, x_n)^{\mathrm{T}} \in \bar{V} \subseteq \mathbf{R}^n$，$\bar{V}$ 是有界闭集；$f(\underline{x})$ 是未知连续的实函数；b 是已知正常数。

系统（5-1）可以改写为如下形式：

$$\begin{cases} \underline{\dot{x}} = A\underline{x} + B[f(\underline{x}) + bu] \\ y = C^{\mathrm{T}}\underline{x} \end{cases} \tag{5-2}$$

其中，矩阵 A、B 同式（3-2）；$C = [1 \quad O^{\mathrm{T}}]^{\mathrm{T}}$。

假设系统（5-2）的状态是不完全可测的，令 $\underline{\hat{x}} = (\hat{x}_1, \hat{x}_2, \cdots, \hat{x}_n)^{\mathrm{T}} \in \bar{V} \subseteq \mathbf{R}^n$ 代替状态矢量 $\underline{x}$ 的估计值。因此，设计如下形式的观测器：

$$\underline{\dot{\hat{x}}} = A\underline{\hat{x}} - BK_c^{\mathrm{T}}\underline{\hat{x}} + K_0(x_1 - \hat{x}_1) \tag{5-3}$$

$$\hat{x}_1 = C^{\mathrm{T}}\underline{\hat{x}} \tag{5-4}$$

其中，$K_c \in \mathbf{R}^n$ 使 $A - BK_c^{\mathrm{T}}$ 是 Hurwitz 矩阵，并且对于任意给定的正定矩阵 Q_1，如下 Lyapunov 方程有唯一正定矩阵解 P_1：

$$(A - BK_c^{\mathrm{T}})^{\mathrm{T}} P_1 + P_1(A - BK_c^{\mathrm{T}}) = -Q_1 \tag{5-5}$$

定义 $\tilde{x}_1 = x_1 - \hat{x}_1$ 和观测误差 $\underline{\tilde{x}} = \underline{x} - \underline{\hat{x}}$，则由式（5-2）～（5-4）可得

$$\begin{cases} \underline{\dot{\tilde{x}}} = (A - K_0 C^{\mathrm{T}})\underline{\tilde{x}} + B[f(\underline{x}) + K_c^{\mathrm{T}}\underline{\hat{x}} + bu] \\ \tilde{x}_1 = C^{\mathrm{T}}\underline{\tilde{x}} \end{cases} \tag{5-6}$$

上式的输出误差动态性能可以表示为

$$\tilde{x}_1 = H(s)[f(\underline{x}) + K_c^{\mathrm{T}}\hat{\underline{x}} + bu] \qquad (5\text{-}7)$$

这里 $H(s) = C^{\mathrm{T}}(sI - (A - K_0 C^{\mathrm{T}}))^{-1} B$ 是已知的稳定传递函数，为了使用 SPR-Lyapunov 设计方法，把上式写成

$$\tilde{x}_1 = H(s)L(s)\{L^{-1}(s)[f(\underline{x}) + K_c^{\mathrm{T}}\hat{\underline{x}} + bu]\} \qquad (5\text{-}8)$$

其中，$L(s) = s^m + b_1 s^{m-1} + \cdots + b_m$（$m = n-1$），$L(s)$ 的选择是使得 $L^{-1}(s)$ 是稳定的传递函数；$H(s)L(s)$ 是 SPR（严格正实）传递函数。这样上式的状态空间可以表示成

$$\begin{cases} \dot{\underline{x}} = A_c \underline{\tilde{x}} + B_c \{L^{-1}(s)[f(\underline{x}) + K_c^{\mathrm{T}}\hat{\underline{x}} + bu]\} \\ \tilde{x}_1 = C_c^{\mathrm{T}} \underline{\tilde{x}} \end{cases} \qquad (5\text{-}9)$$

其中，$A_c = A - K_0 C^{\mathrm{T}}$；$B_c = [1, b_1, \cdots, b_m]^{\mathrm{T}}$；$C_c = C$。因为 $H(s)L(s)$ 是严格正实的，所以存在正定矩阵 $P_2 = P_2^{\mathrm{T}}$ 和 $Q_2 = Q_2^{\mathrm{T}}$ 使得如下等式成立：

$$P_2 A_c + A_c^{\mathrm{T}} P_2 + C_c C_c^{\mathrm{T}} = -Q_2 \qquad (5\text{-}10)$$

$$P_2 B_c = C_c \qquad (5\text{-}11)$$

假设 5.1　存在一个 Lipschitz 常数 ς，使得函数 $f(\underline{x})$ 满足 Lipschitz 不等式 $|f(\underline{x}_1) - f(\underline{x}_2)| \leqslant \varsigma \|\underline{x}_1 - \underline{x}_2\|$。

5.2　主　要　结　论

在实际工程中，逼近精度 M 和 Lipschitz 常数 ς 一般未知，记 $\hat{M} = \hat{M}(t)$，$\hat{\varsigma} = \hat{\varsigma}(t)$ 分别是 M、ς 的估计值，估计误差分别为 $\tilde{M} = \hat{M} - M$，$\tilde{\varsigma} = \hat{\varsigma} - \varsigma$；考虑如下的自适应律和控制器：

$$\dot{\rho} = \theta(\underline{\tilde{x}}, \hat{\underline{x}}, \rho, \hat{\varsigma}, \hat{M}) \qquad (5\text{-}12)$$

$$\dot{\hat{\varsigma}} = \upsilon(\underline{\tilde{x}}, \hat{\underline{x}}, \rho, \hat{\varsigma}, \hat{M}) \qquad (5\text{-}13)$$

$$\dot{\hat{M}} = \chi(\underline{\tilde{x}}, \hat{\underline{x}}, \rho, \hat{\varsigma}, \hat{M}) \qquad (5\text{-}14)$$

$$u = u(\hat{\underline{x}}, \rho) \qquad (5\text{-}15)$$

扩展系统的状态为 $\mathbb{Z} = (\underline{\tilde{x}}^{\mathrm{T}}, \hat{\underline{x}}^{\mathrm{T}}, \rho, \hat{\varsigma}, \hat{M})^{\mathrm{T}}$。观测器（5-3）、（5-4），状态方程（5-9）和自适应律（5-12）～（5-14）共同构成扩展模糊逻辑系统。其中的映射 $\theta(*)$（伸缩因子调节律）、$\upsilon(*)$（Lipschitz 常数估计自适应律）、$\chi(*)$（逼近精度参数估计自适应律）与控制器 $u = u(\hat{\underline{x}}, \rho)$ 是根据如下的控制任务而设计的。

控制任务：设计合适的控制器（5-15），伸缩因子调节律（5-12），参数估计自适应律（5-13）、（5-14）使状态变量 $\mathbb{Z}=(\tilde{x}^{\mathrm{T}},\hat{\underline{x}}^{\mathrm{T}},\rho,\hat{\varsigma},\hat{M})^{\mathrm{T}}$ 一致有界。

定理 5.1 对系统（5-12）～（5-15），如果假设 5.1 成立，则采用如下形式的控制器（5-16），伸缩因子调节律（5-17）、（5-18），自适应律（5-19）～（5-22），可以保证扩展状态 $\mathbb{Z}=(\tilde{x}^{\mathrm{T}},\hat{\underline{x}}^{\mathrm{T}},\rho,\hat{\varsigma},\hat{M})^{\mathrm{T}}$ 是有界的。

$$u=\frac{1}{b}\left[-F\left(\frac{\hat{x}}{\rho}\right)-K_c^{\mathrm{T}}\hat{\underline{x}}\right] \tag{5-16}$$

（1）当 $\|\hat{\underline{x}}\|>|\rho|\alpha$ 时，取如下的自适应律：

$$\dot{\rho}=\frac{1}{2\alpha^2\rho}\{l+2\|A-BK_c^{\mathrm{T}}\|\|\hat{\underline{x}}\|^2+2\|\tilde{e}_1\|\|K_0\|\|\hat{\underline{x}}\|\} \tag{5-17}$$

$$\dot{\hat{\varsigma}}=0 \tag{5-18}$$

$$\dot{\hat{M}}=0 \tag{5-19}$$

（2）当 $\|\hat{\underline{x}}\|\leqslant|\rho|\alpha$ 时，取如下的自适应律：

$$\dot{\rho}=-\gamma_1\rho-\gamma_1\alpha\|P_1K_0\|\|\tilde{x}\|\widehat{\mathrm{sign}(\rho)}-\frac{\gamma_1}{\rho}|\tilde{x}\|L^{-1}(s)|[\hat{\varsigma}\alpha|\rho-1|+\hat{M}] \tag{5-20}$$

$$\dot{\hat{\varsigma}}=-\gamma_2\hat{\varsigma}+\gamma_2\alpha|\tilde{e}_1\|L^{-1}(s)\||\rho-1| \tag{5-21}$$

$$\dot{\hat{M}}=-\gamma_3\hat{M}+\gamma_3|\tilde{x}\|L^{-1}(s)| \tag{5-22}$$

其中，l、γ_1、γ_2、γ_3 是设计参数。

证明：（1）当 $\|\hat{\underline{x}}\|>|\rho|\alpha$ 时，取 $s=\|\hat{\underline{x}}\|^2-\rho^2\alpha^2+\frac{1}{2}\eta_1^{-1}\tilde{L}^2+\frac{1}{2}\eta_2^{-1}\tilde{M}^2$，可知 $s>0$。考虑关于 s 的正定函数 $V=\frac{1}{2}s^2$，则 V 沿扩展系统（5-3）、（5-4）、（5-9）、（5-12）～（5-15）的轨道导数为

$$\dot{V}\leqslant s\{2\|A-BK_c^{\mathrm{T}}\|\|\hat{\underline{x}}\|^2+2\|K_0C^{\mathrm{T}}\|\|\hat{\underline{x}}\|^2-2\alpha^2\rho\dot{\rho}+\eta_1^{-1}\tilde{\varsigma}^{\mathrm{T}}\dot{\hat{\varsigma}}+\eta_2^{-1}\tilde{M}^{\mathrm{T}}\dot{\hat{M}}\}$$
$$=-ls \tag{5-23}$$

由文献[1]可知，式（5-23）意味着由观测器（5-3）、（5-4）、（5-12）～（5-14）的状态 $\mathbb{Z}=(\tilde{x}^{\mathrm{T}},\hat{\underline{x}}^{\mathrm{T}},\rho,\hat{\varsigma},\hat{M})^{\mathrm{T}}$ 能够在有限时间内到达曲面 $s=0$，注意到 $\{\mathbb{Z}|s=0\}\subseteq D$，$D=\{\mathbb{Z}|\|\hat{x}\|\leqslant|\rho|\alpha\}$。

（2）当 $\|\hat{\underline{x}}\|\leqslant|\rho|\alpha$ 时，取 Lyapunov 函数：

$$V(t)=\frac{1}{2}\hat{\underline{x}}^{\mathrm{T}}P_1\hat{\underline{x}}+\frac{1}{2}\tilde{x}^{\mathrm{T}}P_2\tilde{x}+\frac{1}{2\gamma_1}\rho^2+\frac{1}{2\gamma_2}\tilde{\varsigma}^2+\frac{1}{2\gamma_3}\tilde{M}^2 \tag{5-24}$$

则式（5-24）沿扩展系统（5-3）、（5-4）、（5-9）、（5-12）～（5-15）的轨道导数为

$$\dot{V} = -\frac{1}{2}\hat{x}^{\mathrm{T}}Q_1\hat{x} - \frac{1}{2}\tilde{x}^{\mathrm{T}}Q_2\tilde{x} - \frac{1}{2}\tilde{x}^{\mathrm{T}}C_cC_c^{\mathrm{T}}\tilde{x} + \hat{x}^{\mathrm{T}}P_1K_0\tilde{x} + \tilde{x}L^{-1}(s)[f(\underline{x}) + K_c^{\mathrm{T}}\hat{\underline{x}} + bu]$$

$$+ \gamma_1^{-1}\rho\dot{\rho} + \gamma_2^{-1}\tilde{\varsigma}\dot{\hat{\varsigma}} + \gamma_3^{-1}\tilde{M}\dot{\hat{M}} \tag{5-25}$$

记 $X = (\hat{x}, \tilde{x})^{\mathrm{T}}$，$Q = \mathrm{diag}(Q_1, Q_2)$，$P = \mathrm{diag}(P_1, P_2)$，则式（5-25）等价于

$$\dot{V} \leqslant -\frac{1}{2}\lambda_{\min}(Q)\|X\|^2 - \frac{1}{2}\tilde{x}^{\mathrm{T}}C_cC_c^{\mathrm{T}}\tilde{x} + \hat{x}^{\mathrm{T}}P_1K_0\tilde{x} + |\tilde{x}|\left|L^{-1}(s)\right|[\varsigma\alpha|\rho - 1| + M]$$

$$+ |\tilde{x}|\left|L^{-1}(s)\right|\varsigma\|\tilde{x}\| + \gamma_1^{-1}\rho\dot{\rho} + \gamma_2^{-1}\tilde{\varsigma}\dot{\hat{\varsigma}} + \gamma_3^{-1}\tilde{M}\dot{\hat{M}} \tag{5-26}$$

并记 $|\tilde{x}|^2\left|L^{-1}(s)\right|^2\varsigma^2 = \omega$，因为

$$|\tilde{x}|\left|L^{-1}(s)\right|\varsigma\|\tilde{x}\| \leqslant \frac{1}{2}\tilde{x}^{\mathrm{T}}C_cC_c^{\mathrm{T}}\tilde{x} + \frac{1}{2}\omega \tag{5-27}$$

由式（5-27）可知

$$\dot{V} \leqslant -\frac{1}{2}\lambda_{\min}(Q)\|X\|^2 + \alpha|\rho|\|P_1K_0\|\|\tilde{x}\| + \gamma_1^{-1}\rho\dot{\rho} + \omega + |\tilde{x}|\left|L^{-1}(s)\right|[\varsigma\alpha|\rho - 1| + \hat{M}] + \tilde{\varsigma}[\gamma_2^{-1}\dot{\hat{\varsigma}}$$

$$- \alpha|\tilde{x}|\left|L^{-1}(s)\right||\rho - 1|] + \tilde{M}[\gamma_3^{-1}\dot{\hat{M}} - |\tilde{x}|\left|L^{-1}(s)\right|] \tag{5-28}$$

由自适应律（5-21）和（5-22）可得

$$-\tilde{\varsigma}\dot{\hat{\varsigma}} = -\tilde{\varsigma}^2 - \tilde{\varsigma}\varsigma \leqslant -\frac{1}{2}\tilde{\varsigma}^2 + \frac{1}{2}\varsigma^2 \tag{5-29}$$

同理有如下不等式成立：

$$-\tilde{M}\dot{\hat{M}} \leqslant -\frac{1}{2}\tilde{M}^2 + \frac{1}{2}M^2 \tag{5-30}$$

由自适应律（5-20）和式（5-29）、式（5-30）可知

$$\dot{V} \leqslant -\frac{1}{2}\lambda_{\min}(Q)\|X\|^2 - \frac{1}{2}\rho^2 - \frac{1}{2}\tilde{\varsigma}^2 - \frac{1}{2}\tilde{M}^2 + \frac{1}{2}\omega + \frac{1}{2}\varsigma^2 + \frac{1}{2}M^2 \tag{5-31}$$

记 $\beta = \min\{\lambda_{\min}(Q)/\lambda_{\max}(P), \gamma_1, \gamma_2, \gamma_3\}$，$\delta = \frac{1}{2}\omega + \frac{1}{2}\varsigma^2 + \frac{1}{2}M^2$，则式（5-31）可转化为

$$\dot{V} \leqslant -\beta V + \delta \tag{5-32}$$

在式（5-32）左右两边同乘以 $\mathrm{e}^{\beta t}$，则有如下不等式成立：

$$\frac{\mathrm{d}}{\mathrm{d}t}(V(t)\mathrm{e}^{\beta t}) \leqslant \delta\mathrm{e}^{\beta t} \tag{5-33}$$

对式（5-33）两边在$[0,t]$上积分有

$$0 \leqslant V(t) \leqslant [V(0) - \delta / \beta]\mathrm{e}^{-\beta t} + \delta / \beta \qquad (5\text{-}34)$$

由式（5-34）可知$V(t)$中的所有信号都是有界的。定理 5.1 得证。

5.3 仿真算例

例 5.1 考虑如下具有常数控制增益伺服机非线性系统[2]：

$$m\ddot{q} + l\dot{q} + \Delta f(q) = \tau \qquad (5\text{-}35)$$

其中，q表示位移；$\dot{q}$表示速度；$\Delta f(q)$表示非线性项；$m = 1\,\mathrm{kg}$ 和 $l = 1$ 分别代表质量和阻尼；τ 代表扭矩。式（5-35）等价于如下二阶微分方程：

$$\begin{cases} x^{(2)} = f(\underline{x}) + u(t) + d(t) \\ y = x \end{cases} \qquad (5\text{-}36)$$

其中，$f(\underline{x}) = -lx_2 - 0.4\sin x_1$；$u = \tau$。控制目标是使系统状态 x_1、x_2 一致终极有界。仿真中取 $L^{-1}(s) = \dfrac{1}{s+2}$，$Q_1 = Q_2 = \mathrm{diag}\{1,1\}$，$K_0^{\mathrm{T}} = [20,10]$，$K_c^{\mathrm{T}} = [10,60]$。取参数 $\gamma_1 = 0.05$，$\gamma_2 = 1$，$\gamma_2 = 2$，$c = 0.00001$。初始条件 $x_1(0) = x_2(0) = 0.6$，$\hat{x}_1(0) = \hat{x}_2(0) = 0$，$\rho(0) = 1$，$\hat{\zeta}(0) = 0.6$，$\hat{M}(0) = 0.4$。选定输入论域 $\tilde{V} = I_1 \times I_2 = [-5,5] \times [-5,5]$，饱和器的最大饱和度取为 $\alpha = 5$，利用 6 条模糊规则来构造模糊逻辑系统 $F(\hat{\underline{x}})$ 逼近未知非线性函数 $f(\underline{x})$，$A_1^l \times A_2^l \to F^l$（$l = 1,2,\cdots,6$）。选择模糊隶属函数为：$\mu_{A_i^1}(\hat{x}_i) = \mathrm{e}^{-c(\hat{x}_i+5)^2}$；$\mu_{A_i^2}(\hat{x}_i) = \mathrm{e}^{-c(\hat{x}_i+2)^2}$；$\mu_{A_i^3}(\hat{x}_i) = \mathrm{e}^{-c(\hat{x}_i+0.1)^2}$；$\mu_{A_i^4}(\hat{x}_i) = \mathrm{e}^{-c(\hat{x}_i-0.1)^2}$；$\mu_{A_i^5}(\hat{x}_i) = \mathrm{e}^{-c(\hat{x}_i-2)^2}$；$\mu_{A_i^6}(\hat{x}_i) = \mathrm{e}^{-c(\hat{x}_i-5)^2}$；$\mu_{F^l}(y_l) = \mathrm{e}^{-(y_l-a_l)^2}$，$a_l = 5,3,0.2,-0.2,-3,-5$。

模糊自适应控制的仿真结果如图 5-1～图 5-4 所示。

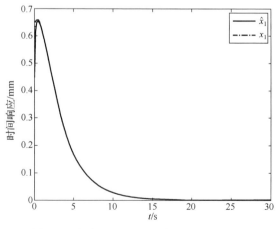

图 5-1 状态 x_1 和观测状态 $\hat{x}_1$ 的时间响应

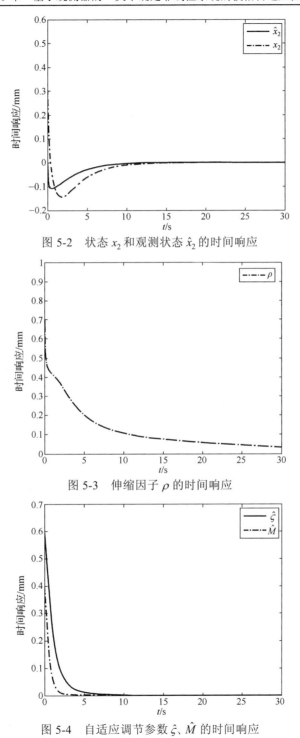

图 5-2　状态 x_2 和观测状态 $\hat{x}_2$ 的时间响应

图 5-3　伸缩因子 ρ 的时间响应

图 5-4　自适应调节参数 $\hat{\varsigma}$、$\hat{M}$ 的时间响应

由上面的仿真结果可以看出，本节中所设计的观测控制器能以很小的误差观测到系统的状态，且设计的自适应律的个数比以往文献中的个数减少了很多。

5.4 本 章 小 结

本章通过构造的扩展模糊逻辑系统，对几类不确定复杂动态系统给出了相应的模糊自适应控制器设计方法，在控制器的设计过程中，模糊逻辑系统的逼近精度和伸缩因子的可调参数可以通过自适应律在线自动调节。用第 2 章所给的扩展模糊逻辑系统设计模糊自适应控制器，其规则构造具有较高的语言可解释性。3.1 节中所给齐次方程的欧拉定理可以确定 T-S 型模糊逻辑系统后件中的参数值，为 T-S 模糊规则的构造提供了一种新方法。另外，对一类不确定复杂动态系统，利用扩展模糊逻辑系统，给出一种新的模糊自适应控制设计的方法。该方法在状态变量不可测的情况下通过设计状态观测器来估计状态变量。从所有仿真中可以看出，该方法能使得被控系统的状态及参数估计误差一致终极有界。

与以往文献中自适应律数目较多的情形相比较，本书基于扩展模糊逻辑系统的方法能够有效地减少自适应律数目。所给数值算例说明了所设计的控制器可以使系统达到较好的稳定和跟踪性，并且使得闭环系统的所有信号有界。

参 考 文 献

[1] Slotine J J E, Li W. 应用非线性控制. 程代展译. 北京: 机械工业出版社, 2006.

[2] Kovacic Z, Balenovic M, Bogdan S. Sensitivity based self-learning fuzzy logic control for a servo system. IEEE Control Systems, 1998, 18:41-51.

第6章 基于反推法的 Arneodo 混沌系统的同步模糊自适应控制设计

混沌现象作为一类非线性系统的固有特性，应用十分广泛，特别是在保密通信中具有不可替代的作用，在近几十年被国内外大量学者关注。其中混沌同步控制是混沌系统控制的重要一部分。在本章中，主要考虑混沌驱动系统与响应系统的混沌同步控制器设计，采用控制理论中的反推法来设计模糊自适应控制器，使得驱动系统与响应系统在自适应控制器的作用下能以最小的同步误差达到同步的目的。

6.1 系统描述与假设

本节考虑如下形式的 3-D Arneodo 系统作为驱动系统：

$$\begin{cases} \dot{x}_1 = x_2 \\ \dot{x}_2 = x_3 \\ \dot{x}_3 = ax_1 - bx_2 - x_3 + f(x) \end{cases} \tag{6-1}$$

其中，$x = (x_1, x_2, x_3)^{\mathrm{T}} \in \mathbf{R}^3$ 代表状态向量；a 和 b 是系统的两个已知参数；$f(x) \in \mathbf{R}^3$ 是一个未知非线性连续函数。

考虑如下带有控制器的 3-D Arneodo 响应系统：

$$\begin{cases} \dot{y}_1 = y_2 \\ \dot{y}_2 = y_3 \\ \dot{y}_3 = ay_1 - by_2 - y_3 + f(y) + gu \end{cases} \tag{6-2}$$

其中，$y = (y_1, y_2, y_3)^{\mathrm{T}} \in \mathbf{R}^3$ 代表响应系统的状态向量；g 代表控制增益且满足 $\underline{g} \leqslant g \leqslant \bar{g}$；$u$ 是待设计的控制器；$f(y) \in \mathbf{R}^3$ 为未知非线性连续函数。

同步误差定义为 $e_1 = y_1 - x_1$，$e_2 = y_2 - x_2$，$e_3 = y_3 - x_3$，则可得如下误差动态方程：

$$\begin{cases} \dot{e}_1 = e_2 \\ \dot{e}_2 = e_3 \\ \dot{e}_3 = ae_1 - be_2 - e_3 + f(y) - f(x) + gu \end{cases} \tag{6-3}$$

设计控制 u 的目的是使得同步误差满足条件 $e_i(t) \overset{t \to +\infty}{\to} 0\,(i = 1, 2, 3)$。

在给出主要结论之前，先给出如下假设条件。

假设 6.1 非线性函数 $f(z)$ 在紧致集合 $W \subseteq \mathbf{R}^3$ 上满足 Lipschitz 条件，即存在一个正常数 L（可能未知），对 $z_1, z_2 \in W$，使得 $\|f(z_1) - f(z_2)\| \le L\|z_1 - z_2\|$ 成立。

假设 6.2（1）在假设 6.1 成立的条件下，存在一个带有如下模糊规则的模糊逻辑系统 F_1 和一个未知正实参数 ε_1 满足条件 $\sup\limits_{x \in \tilde{V}_1} |f(x) - F_1(x)| \le \varepsilon_1$。

（2）存在一个带有如下模糊规则的模糊逻辑系统 F_2 和一个未知正实参数 ε_2 满足条件 $\sup\limits_{y \in \tilde{V}_2} |f(y) - F_2(y)| \le \varepsilon_2$。

现在，考虑在紧致域 $W \subseteq \mathbf{R}^n$ 上，带有如下规则形式的 Mamdani 型模糊逻辑系统：

If $\bar{x}_1$ is $A_1^{l_1}$ and $\bar{x}_2$ is $A_2^{l_1}$ and $\bar{x}_3$ is $A_n^{l_1}$, Then $\bar{z}_1$ is B_{l_1}, $l_1 = 1, 2, \cdots, p$ （6-4）

其中，$A_k^{l_1}$（$k = 1, 2, 3$），B_{l_1} 代表模糊集合；$A_k^{l_1}(x)$ 代表模糊集合 $A_k^{l_1}$ 的隶属函数。

采用单点模糊化、乘积推理和中心解模糊，则模糊逻辑系统（6-4）的输出形式为

$$\bar{z}_1 = F_1(\bar{z}_1) = \frac{\sum\limits_{l_1=1}^{p} B_{l_1} \prod\limits_{k=1}^{n} A_k^{l_1}(\bar{x}_k)}{\sum\limits_{l_1=1}^{p} \prod\limits_{k=1}^{n} A_k^{l_1}(\bar{x}_k)} \tag{6-5}$$

在本节中，在式（6-5）中引入一个非零时变参数 $\rho = \rho(t)$，可得如下形式的输出形式：

$$\bar{z}_1 = F_1(\frac{\bar{z}_1}{\rho}) = \frac{\sum\limits_{l_1=1}^{p} B_{l_1} \prod\limits_{k=1}^{n} A_k^{l_1}(\frac{\bar{x}_k}{\rho})}{\sum\limits_{l_1=1}^{p} \prod\limits_{k=1}^{n} A_k^{l_1}(\frac{\bar{x}_k}{\rho})} \tag{6-6}$$

注 6.1 如果假设 6.2 条件满足，为了简单方便，记 $\varepsilon = \varepsilon_1 + \varepsilon_2$ 来代表逼近误差。

6.2 控制器设计

在许多实际工程中，参数 ε 和 L 一般都是未知的，令 $\hat{\varepsilon} = \hat{\varepsilon}(t)$ 和 $\hat{L} = \hat{L}(t)$ 分别代表 ε 和 L 的估计值，$\tilde{\varepsilon} = \hat{\varepsilon} - \varepsilon$ 和 $\tilde{L} = \hat{L} - L$ 代表相应的估计误差。响应系统（6-2）中的控制器是根据下面的控制目标来设计的。

控制目标：本节的控制目标是设计模糊自适应控制器，使得同步误差向量 $e = (e_1, e_2, e_3)^{\mathrm{T}}$ 满足条件 $\lim\limits_{t \to \infty} e(t) = 0$。

基于上面的控制目标，本章采用模糊自适应控制与反推法结合，给出定理 6.1 的模糊自适应控制器设计方法。

定理 6.1 Arenodo 混沌驱动系统（6-1）和响应系统（6-2）在如下的控制器作

用下，可以实现同步：

$$u = \begin{cases} 0, & \|z\| > \alpha|\rho| \\ u_a + u_b, & \|z\| \leqslant \alpha|\rho| \end{cases} \tag{6-7}$$

$$u_a = kz_3 + v, \quad v = \begin{cases} -\dfrac{z_3[\overline{g}|kz_3| + |3/2 + a||e_1| + |3 - b||e_2| + 3/2|e_3|]}{\underline{g}|z_3|}, & z \neq 0 \\ 0, & z = 0 \end{cases}$$

$$u_b = F_1\left(\frac{x}{\rho}\right) - F_2\left(\frac{y}{\rho}\right)$$

其中，自适应调节律为

$$\dot{\rho} = \begin{cases} \dfrac{1}{\alpha^2\rho}[r + |z_3|(|3/2 + a||e_1| + |3 - b||e_2| + 3/2|e_3| + \hat{L}\|e\|)], & \|z\| > \alpha|\rho| \\ -\dfrac{\gamma}{\rho}\alpha[\hat{L}(1 + |\rho|)\|e\| + \overline{g}|\rho|\hat{\varepsilon}], & \|z\| \leqslant \alpha|\rho| \end{cases} \tag{6-8}$$

$$\dot{\hat{L}} = \begin{cases} \delta|z_3|\|e\|, & \|z\| > \alpha|\rho| \\ \alpha\eta(1 + |\rho|)\|e\|, & \|z\| \leqslant \alpha|\rho| \end{cases} \tag{6-9}$$

$$\dot{\hat{\varepsilon}} = \begin{cases} 0, & \|z\| > \alpha|\rho| \\ \mu\overline{g}\alpha|\rho|, & \|z\| \leqslant \alpha|\rho| \end{cases} \tag{6-10}$$

其中，$z = (z_1, z_2, z_3)^{\mathrm{T}}$；$k$、$\delta$、$\gamma$、$\eta$、$\mu$ 是可调正参数；α 是一个正设计常数，使得满足条件 $\{z\|\|z\| \leqslant \alpha\} \subseteq W$。

证明：步骤 1：定义 $z_1 = e_1$，考虑如下 Lyapunov 函数：

$$V_1 = \frac{1}{2}z_1^2 \tag{6-11}$$

对 V_1 在时间 t 上求导，可得

$$\dot{V}_1 = z_1\dot{z}_1 = e_1\dot{e}_1 = e_1e_2 = -z_1^2 + z_1(e_1 + e_2) \tag{6-12}$$

令 $e_1 + e_2 = z_2$，由式（6-12）可知，如下不等式成立：

$$\dot{V}_1 \leqslant -z_1^2 + z_1z_2 \leqslant -z_1^2 + \frac{z_1^2 + z_2^2}{2} = -\frac{z_1^2}{2} + \frac{z_2^2}{2} \tag{6-13}$$

步骤 2：选如下形式的 Lyapunov 函数：

$$V_2 = V_1 + \frac{1}{2}z_2^2 = \frac{1}{2}(z_1^2 + z_2^2) \tag{6-14}$$

则函数 V_2 沿时间的导数为

$$\dot{V}_2 = \dot{V}_1 + z_2\dot{z}_2 = \dot{V}_1 + z_2(\dot{e}_1 + \dot{e}_2)$$

$$\leqslant -\frac{z_1^2}{2} + \frac{z_2^2}{2} + z_2(e_2 + e_3)$$

$$= -\frac{z_1^2}{2} + \frac{z_2^2}{2} + z_2(-z_2 + e_2 + e_3 + z_2)$$

$$= -\frac{z_1^2}{2} - \frac{z_2^2}{2} + z_2(e_1 + 2e_2 + e_3) \tag{6-15}$$

如果令 $z_3 = e_1 + 2e_2 + e_3$，则如下不等式成立：

$$\dot{V}_2 \leqslant -\frac{z_1^2}{2} - \frac{z_2^2}{2} + z_2 z_3 \tag{6-16}$$

步骤 3：选取 Lyapunov 函数如下：

$$V = V_2 + \frac{1}{2}z_3^2 = \frac{1}{2}(z_1^2 + z_2^2 + z_3^2) \tag{6-17}$$

则函数 V 沿时间的导数为

$$\dot{V} = \dot{V}_2 + z_3\dot{z}_3 \leqslant -\frac{z_1^2}{2} - \frac{z_2^2}{2} + z_3(z_2 + \dot{z}_3)$$

$$= -\frac{z_1^2}{2} - \frac{z_2^2}{2} - \frac{z_3^2}{2} + z_3\left(\frac{z_3}{2} + z_2 + \dot{z}_3\right)$$

$$= -\frac{z_1^2}{2} - \frac{z_2^2}{2} - \frac{z_3^2}{2} + z_3\left[\left(\frac{3}{2} + a\right)e_1 + (3-b)e_2 + \frac{3}{2}e_3 + f(y) - f(x) + gu\right]$$

情形（1）：$\|z\| > \alpha|\rho|$。

在此情形下，采用开环控制，令 $s = \frac{1}{2}\|z\|^2 - \frac{1}{2}\alpha^2\rho^2 + \frac{1}{2\lambda}\tilde{\varepsilon}^2 + \frac{1}{2\delta}\tilde{L}^2$，很显然 $s > 0$

成立，因此考虑关于 s 的正定函数 $\bar{V} = \frac{1}{2}s^2$，则函数 $\bar{V}$ 沿式（6-3）的导数可得

$$\dot{\bar{V}} = s\dot{s} = s\left\{-\frac{z_1^2}{2} - \frac{z_2^2}{2} - \frac{z_3^2}{2} + z_3\left[\left(\frac{3}{2} + a\right)e_1 + (3-b)e_2 + \frac{3}{2}e_3 + f(y) - f(x)\right]\right.$$

$$\left. -\alpha^2\rho\dot{\rho} + \lambda^{-1}\tilde{\varepsilon}\dot{\hat{\varepsilon}} + \delta^{-1}\tilde{L}\dot{\hat{L}}\right\}$$

$$\leqslant s\left\{|z_3|\left[\left|\frac{3}{2} + a\right||e_1| + |3-b||e_2| + \frac{3}{2}|e_3| + |f(y) - f(x)|\right] - \alpha^2\rho\dot{\rho} + \lambda^{-1}\tilde{\varepsilon}\dot{\hat{\varepsilon}} + \delta^{-1}\tilde{L}\dot{\hat{L}}\right\}$$

$$\leqslant s\left\{|z_3|\left[\left|\frac{3}{2} + a\right||e_1| + |3-b||e_2| + \frac{3}{2}|e_3| + L\|e\|\right] - \alpha^2\rho\dot{\rho} + \lambda^{-1}\tilde{\varepsilon}\dot{\hat{\varepsilon}} + \delta^{-1}\tilde{L}\dot{\hat{L}}\right\}$$

$$\leqslant s\left\{|z_3|\left[\left|\frac{3}{2} + a\right||e_1| + |3-b||e_2| + \frac{3}{2}|e_3| + \hat{L}\|e\|\right] - \alpha^2\rho\dot{\rho} + \lambda^{-1}\tilde{\varepsilon}\dot{\hat{\varepsilon}} + \delta^{-1}\tilde{L}(\dot{\hat{L}} - \delta|z_3|\|e\|)\right\}$$

$$= -rs \tag{6-18}$$

由文献[1]可知，式（6-18）意味着系统（6-3）的误差状态在有限时间内可以到达滑模面 $s = 0$。

情形（2）：$\|z\| \leqslant \alpha |\rho|$。

选定如下 Lyapunov 函数：

$$V = \frac{1}{2}(z_1^2 + z_2^2 + z_3^2) + \frac{1}{2\gamma}\rho^2 + \frac{1}{2\mu}\tilde{\varepsilon}^2 + \frac{1}{2\eta}\tilde{L}^2 \tag{6-19}$$

$$\dot{V} = -\frac{z_1^2}{2} - \frac{z_2^2}{2} - \frac{z_3^2}{2} + z_3\left[\left(\frac{3}{2}+a\right)e_1 + (3-b)e_2 + \frac{3}{2}e_3 + f(y) - f(x) + gu_a + gu_b\right]$$

$$+ \gamma^{-1}\rho\dot{\rho} + \mu^{-1}\tilde{\varepsilon}\dot{\tilde{\varepsilon}} + \eta^{-1}\tilde{L}\dot{\tilde{L}}$$

$$\leqslant z_3\left[\left(\frac{3}{2}+a\right)e_1 + (3-b)e_2 + \frac{3}{2}e_3 + gu_a\right] + z_3[f(y) - f(x) + gu_b]$$

$$+ \gamma^{-1}\rho\dot{\rho} + \mu^{-1}\tilde{\varepsilon}\dot{\tilde{\varepsilon}} + \eta^{-1}\tilde{L}\dot{\tilde{L}} \tag{6-20}$$

由控制器（6-7），可得如下不等式成立：

$$z_3\left[\left(\frac{3}{2}+a\right)e_1 + (3-b)e_2 + \frac{3}{2}e_3 + gu_a\right]$$

$$= z_3\left\{\left(\frac{3}{2}+a\right)e_1 + (3-b)e_2 + \frac{3}{2}e_3 + gkz_3 - \frac{gz_3[\bar{g}|kz_3| + |3/2+a||e_1| + |3-b||e_2| + 3/2|e_3|]}{\underline{g}}\right\}$$

$$\leqslant |z_3|\left[\left|\frac{3}{2}+a\right||e_1| + |3-b||e_2| + \frac{3}{2}|e_3| + g|kz_3|\right] - \frac{g}{\underline{g}}|z_3|[\bar{g}|kz_3| + |3/2+a||e_1| + |3-b||e_2| + 3/2|e_3|]$$

$$= |z_3|\left[\left|\frac{3}{2}+a\right||e_1| + |3-b||e_2| + \frac{3}{2}|e_3| + g|kz_3|\right]\left(1 - \frac{g}{\underline{g}}\right) < 0 \tag{6-21}$$

由式（6-20）和式（6-21），如下不等式成立：

$$\dot{V} \leqslant z_3[f(y) - f(x) + gu_b] + \gamma^{-1}\rho\dot{\rho} + \mu^{-1}\tilde{\varepsilon}\dot{\tilde{\varepsilon}} + \eta^{-1}\tilde{L}\dot{\tilde{L}}$$

$$= gz_3\left[\frac{1}{g}f(y) - \frac{1}{g}f(x) + F_1\left(\frac{x}{\rho}\right) - F_2\left(\frac{y}{\rho}\right)\right] + \gamma^{-1}\rho\dot{\rho} + \mu^{-1}\tilde{\varepsilon}\dot{\tilde{\varepsilon}} + \eta^{-1}\tilde{L}\dot{\tilde{L}}$$

$$= gz_3\left[\frac{1}{g}f(y) - \frac{1}{g}f(x) + \frac{1}{g}f\left(\frac{x}{\rho}\right) - \frac{1}{g}f\left(\frac{y}{\rho}\right) + \frac{1}{g}f\left(\frac{y}{\rho}\right) - F_2\left(\frac{y}{\rho}\right) + F_1\left(\frac{x}{\rho}\right) - \frac{1}{g}f\left(\frac{x}{\rho}\right)\right]$$

$$+ \gamma^{-1}\rho\dot{\rho} + \mu^{-1}\tilde{\varepsilon}\dot{\tilde{\varepsilon}} + \eta^{-1}\tilde{L}\dot{\tilde{L}}$$

$$\leqslant z_3 L\|e\| + z_3\frac{1}{|\rho|}L\|e\| + z_3\bar{g}\varepsilon + \gamma^{-1}\rho\dot{\rho} + \mu^{-1}\tilde{\varepsilon}\dot{\tilde{\varepsilon}} + \eta^{-1}\tilde{L}\dot{\tilde{L}}$$

$$\leqslant \alpha \hat{L}(1+|\rho|)\|e\| + \overline{g}\alpha|\rho|\hat{\varepsilon} + \gamma^{-1}\rho\dot{\rho} + \mu^{-1}\tilde{\varepsilon}(\dot{\hat{\varepsilon}} - \mu\overline{g}\alpha|\rho|) + \eta^{-1}\tilde{L}[\dot{\hat{L}} - \eta\alpha(1+|\rho|)\|e\|]$$

$$\leqslant 0 \tag{6-22}$$

不等式（6-22）意味着系统（6-3）的状态是有界的，因此由 Barbalat 引理[1]可知 $e \xrightarrow{t\to+\infty} 0$ 成立。定理 6.1 证毕。

6.3　数　值　仿　真

在本节中，为了说明所给控制器的有效性，选取系统 3-D Arneodo 混沌驱动系统（6-1）和响应系统（6-2）中的参数为 $a = 7.5$，$b = 3.8$。驱动系统（6-1）的初始状态值选为 $x_1(0) = 14$，$x_2(0) = -5$，$x_3(0) = 6$，响应系统（6-2）的初始状态值选为 $y_1(0) = -1$，$y_2(0) = 12$，$y_3(0) = -1.6$。在没有控制器的作用下，驱动系统和响应系统的仿真结果如图 6-1 所示。

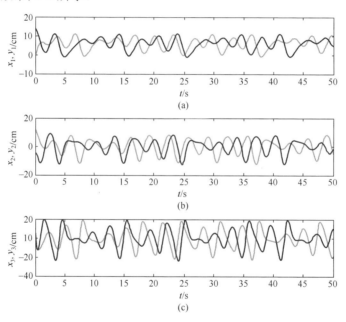

图 6-1　无控制作用下的状态 x 和 y 的时间响应

为了使得响应系统的状态（6-2）与驱动系统（6-1）实现同步，采用控制器（6-7），控制器中相应的参数依次选取为 $\alpha = 40$，$k = 500$，$\delta = 0.0001$，$\eta = 0.0005$，$\gamma = 0.0001$，$\mu = 0.0002$。初始值为 $\rho(0) = 0.3$，$\hat{L}(0) = 0.6$，$\hat{\varepsilon}(0) = 0.2$，由于非线性连续函数 $f(x)$ 和 $f(y)$ 未知，引入两个模糊逻辑系统 $F_1(x)$ 和 $F_2(y)$ 来逼近函数 $f(x)$ 和 $f(y)$，其构造方法如式（6-23）和式（6-24）所示，分别选用 6 条模糊规则 $\overline{A}_1^l \times \overline{A}_2^l \to \overline{B}^l$，

$\widehat{A}_1^l \times \widehat{A}_2^l \to \widehat{B}^l$ ($l = 1, 2, 3$):

$$R_{F_1}^{(l)}: \text{If } x_1 \text{ is } \mu_{\widehat{A}_1^l}(x_1) \text{ and } x_2 \text{ is } \mu_{\widehat{A}_2^l}(x_2) \text{ and } x_3 \text{ is } \mu_{\widehat{A}_3^l}(x_3),$$

$$\text{Then } \Delta_1(\overline{x}) \text{ is } \mu_{\widehat{B}^l}(\overline{y}_1) \tag{6-23}$$

$$R_{F_2}^{(l)}: \text{If } y_1 \text{ is } \mu_{\widehat{A}_1^l}(y_1) \text{ and } y_2 \text{ is } \mu_{\widehat{A}_2^l}(y_2) \text{ and } y_3 \text{ is } \mu_{\widehat{A}_3^l}(y_3),$$

$$\text{Then } \Delta_2(\overline{y}) \text{ is } \mu_{\widehat{B}^l}(\overline{y}_2) \tag{6-24}$$

在式（6-23）中，隶属函数分别选取为 $\mu_{\widehat{A}_1^1} = e^{-h(x_1 + 40)^2}$，$\mu_{\widehat{A}_2^1} = e^{-h(x_2 + 40)^2}$，$\mu_{\widehat{A}_3^1} = e^{-h(x_3 + 40)^2}$，$\mu_{\widehat{A}_1^2} = e^{-h(x_1 - 0.0001)^2}$，$\mu_{\widehat{A}_2^2} = e^{-h(x_2 - 0.0001)^2}$，$\mu_{\widehat{A}_3^2} = e^{-h(x_3 - 0.0001)^2}$，$\mu_{\widehat{A}_1^3} = e^{-h(x_1 - 40)^2}$，$\mu_{\widehat{A}_2^3} = e^{-h(x_2 - 40)^2}$，$\mu_{\widehat{A}_3^3} = e^{-h(x_3 - 40)^2}$，$\mu_{\widehat{B}^1} = e^{-(\overline{y}_1 + 160)^2}$，$\mu_{\widehat{B}^2} = e^{-(\overline{y}_1 - 0.0001)^2}$，$\mu_{\widehat{B}^3} = e^{-(\overline{y}_1 + 160)^2}$。隶属函数中的参数选为 $h = 10$。在式（6-24）中，隶属函数选取为 $\mu_{\widehat{A}_1^1} = e^{-h(y_1 + 40)^2}$，$\mu_{\widehat{A}_2^1} = e^{-h(y_2 + 40)^2}$，$\mu_{\widehat{A}_3^1} = e^{-h(y_3 + 40)^2}$，$\mu_{\widehat{A}_1^2} = e^{-h(y_1 - 0.0001)^2}$，$\mu_{\widehat{A}_2^2} = e^{-h(y_2 - 0.0001)^2}$，$\mu_{\widehat{A}_3^2} = e^{-h(y_3 - 0.0001)^2}$，$\mu_{\widehat{A}_1^3} = e^{-h(y_1 - 40)^2}$，$\mu_{\widehat{A}_2^3} = e^{-h(y_2 - 40)^2}$，$\mu_{\widehat{A}_3^3} = e^{-h(y_3 - 40)^2}$，$\mu_{\widehat{B}^1} = e^{-(\overline{y}_2 + 160)^2}$，$\mu_{\widehat{B}^2} = e^{-(\overline{y}_2 - 0.0001)^2}$，$\mu_{\widehat{B}^3} = e^{-(\overline{y}_2 + 160)^2}$。仿真结果如图 6-2～图 6-4 所示。

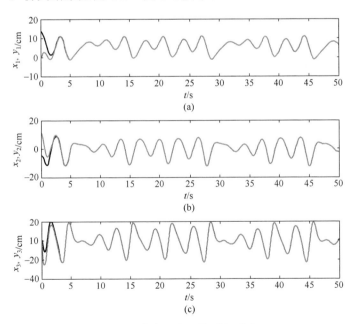

图 6-2　状态 x 和 y 的时间响应

从图 6-2 中可以看出，通过自适应模糊控制器（6-7）的控制作用，响应系统的状态可以同步于驱动系统的状态，图 6-3 中的同步误差可以快速达到误差动态的平衡点，图 6-4 说明自适应控制器中的参数是可以保证有界的。

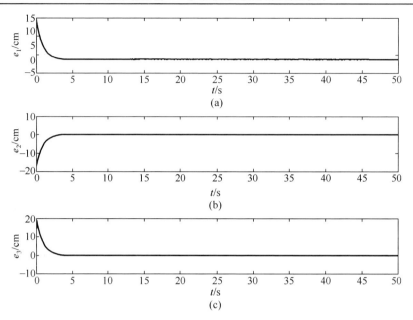

图 6-3　驱动系统和响应系统的同步误差时间响应

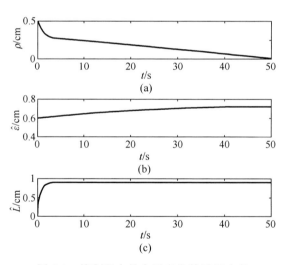

图 6-4　控制器中的自适应参数时间响应

6.4　本　章　小　结

本章给出了关于 3-D Arneodo 混沌系统驱动响应同步控制器设计方法，基于反推法理论的推导，一种新型的带有自适应参数的模糊控制器可以保证同步误差快速满足实现同步目的。该控制器设计的主要特点是自适应律的个数相比其他模糊自适应控制器中的自适应律个数少，因此可以大大减少控制器的自适应律参数的在线调节负担。

参 考 文 献

[1]　Slotine J J E, Li W. 应用非线性控制. 程代展译. 北京: 机械工业出版社, 2006.

第 7 章　一类非线性系统的广义模糊双曲正切模型自适应控制器设计

近十几年来，模糊系统理论在复杂非线性系统的分析与设计中已经成为一种重要的工具。模糊关系模型[1,2]、模糊基函数模糊模型[3]、T-S 型模糊模型[4,5]和 T-S 型模糊动态模型[6-8]是目前应用最为广泛的几种模糊系统模型。其中，模糊关系模型在建模过程中容易忽略系统中的动态信息，其系统的控制性能会受到一定程度的影响。另外，T-S 型模糊模型通过构造一系列线性方程或动态模型并通过模糊隶属函数光滑地连接成全局模型，但由于模糊动态系统的复杂性，其隶属函数的确定和控制器设计时的各个上界的确定都是十分困难的。模糊双曲正切模型在文献[9]和[10]中首次被提出来，由于该模型与其他形式的模糊模型相比，更加适合于对控制对象所知有限的多变量非线性对象进行建模，因此近年来也引起了广大研究者的重视。为了解决模糊双曲正切模型只能在原点附近逼近非线性函数的缺点，文献[11]在模糊双曲正切模型的基础上进行了扩展，提出了一种广义模糊双曲正切模型，并证明了广义模糊双曲正切模型具有万能逼近性质。广义模糊双曲正切模型在非线性系统控制器设计中，已经取得了大量的研究成果[12-17]。这些研究成果的共同特点是广义模糊双曲正切模型的输出形式大都是基函数的线性组合形式，在设计自适应控制器时，利用自适应技术估计广义模糊双曲正切模型的基函数线性组合的系数来设计自适应控制器[13,14]，而广义模糊双曲正切模型基函数线性组合的系数的个数是由模糊规则的数目决定的。因此所设计的控制器中的自适应律的数量会受到模糊规则数量的影响。

为了尝试解决上述文献中的问题，从计算的角度来考虑广义模糊双曲正切模型，此时广义模糊双曲正切模型可以看作函数逼近器，其逼近精度是衡量所设计控制器好坏的一个重要的定量指标。如果考虑将逼近精度作为在线估计调节的参数，那么所构造的自适应律就和广义模糊双曲正切模型的内部逻辑构造无关，这样设计的控制器中自适应律的数目会大大减少。因此考虑带有时变参数的广义模糊双曲正切模型的自适应控制器设计，并通过在线调节这些时变参数和逼近精度就有可能完成自适应控制的设计。

7.1　预备知识与问题描述

考虑一个多输入单输出形式的广义模糊双曲正切模型系统，且带有 q 条模糊规

则，第 k 条规则为

R^k（$k=1,2,\cdots,q$）：If x_1-d_{11} is $F_{x_{11}}^k$ and x_1-d_{12} is $F_{x_{12}}^k$ and $\cdots$ and $x_1-d_{1\omega_1}$ is $F_{x_{1\omega_1}}^k$ and x_2-d_{21} is $F_{x_{21}}^k$ and x_2-d_{22} is $F_{x_{22}}^k$ and $\cdots$ and $x_2-d_{2\omega_2}$ is $F_{x_{2\omega_2}}^k$ and $\cdots$ and x_n-d_{n1} is $F_{x_{n1}}^k$ and x_n-d_{n2} is $F_{x_{n2}}^k$ and $\cdots$ and $x_n-d_{n\omega_n}$ is $F_{x_{n\omega_n}}^k$, Then

$$y^k = c_{F_{11}^k} + c_{F_{12}^k} + \cdots + c_{F_{1\omega_1}^k} + c_{F_{21}^k} + c_{F_{22}^k} + \cdots + c_{F_{2\omega_2}^k} + \cdots + c_{F_{n1}^k} + c_{F_{n2}^k} + \cdots + c_{F_{n\omega_n}^k} \tag{7-1}$$

其中，$\omega_i(i=1,2,\cdots,n)$ 为将 x_i 线性变换的个数；$d_{ij}(j=1,2,\cdots,\omega_i)$ 为 x_i 线性变换点；$F_{x_{i\omega_j}}^k$ 为 $x_i-d_{i\omega_j}$ 对应的模糊子集，包括正（P）和负（N）两个语言值。$c_{F_{i\omega_j}^k}$ 是与 $F_{x_{i\omega_j}}^k$ 对应的输出常数。

定义 7.1[18]　形如式（7-1）的模糊规则，称这组规则基为广义模糊双曲正切模型。

注 7.1　在式（7-1）中，If 中输入变量以及 Then 中输出常数项都是可选的。输出项 $c_{F_{i\omega_j}^k}$ 是与输入变量一一对应的，即如果在 If 部分包含 $F_{x_{i\omega_j}}^k$，则在 Then 部分包含 $c_{F_{i\omega_j}^k}$；反之，则不包括。

如果采用单点模糊化、直积运算与加权平均法解模糊化，则模糊双曲正切模型系统的输出为

$$y = \frac{\sum\limits_{k=1}^{q} y^k \mu(F_{x_{11}}^k)\cdots\mu(F_{x_{1\omega_1}}^k)\mu(F_{x_{21}}^k)\cdots\mu(F_{x_{2\omega_2}}^k)\cdots\mu(F_{x_{n1}}^k)\cdots\mu(F_{x_{n\omega_n}}^k)}{\sum\limits_{k=1}^{q} \mu(F_{x_{11}}^k)\cdots\mu(F_{x_{1\omega_1}}^k)\mu(F_{x_{21}}^k)\cdots\mu(F_{x_{2\omega_2}}^k)\cdots\mu(F_{x_{n1}}^k)\cdots\mu(F_{x_{n\omega_n}}^k)} \tag{7-2}$$

其中，$\mu(F_{x_{n\omega_j}}^k)$ 为两种语言的模糊隶属函数，且这两种语言隶属函数表示为

$$\begin{cases} \mu(F_{x_{i\omega_j}}^k) = \mu_{P_{x_i}}(x_i) = e^{-\frac{1}{2}(x_i-l_{x_i})^2} \\ \mu(F_{x_{i\omega_j}}^k) = \mu_{N_{x_i}}(x_i) = e^{-\frac{1}{2}(x_i+l_{x_i})^2} \end{cases} \tag{7-3}$$

由式（7-3）可知，式（7-2）等价于

$$y = \sum_{i=1}^{n} \frac{c_{P_i}e^{l_i x_i} + c_{N_i}e^{-l_i x_i}}{e^{l_i x_i} + e^{-l_i x_i}} \tag{7-4}$$

根据式（7-3）和式（7-4），可以得到

$$y = M + A\tanh(Lx) \tag{7-5}$$

其中，$M = \sum\limits_{i=1}^{n} \frac{c_{P_i} + c_{N_i}}{2}$；$A = [a_1,\cdots,a_n]$，$A$ 中的元素 $a_i = \frac{c_{P_i} - c_{N_i}}{2}$；$\tanh(Lx) = [\tanh(l_1 x_1),\cdots,\tanh(l_n x_n)]^{\mathrm{T}}$。

注 7.2　因为双曲正切函数 $\tanh(\cdot)$ 满足 $\forall a,b \in \mathbf{R}$，$|\tanh(a) + \tanh(b)| \leq |a+b|$，所以函数 $\tanh(\cdot)$ 是一类奇函数并满足 Lipschitz 条件。

假设 7.1　对于双曲正切函数 $\tanh_i(z)$，存在一个 Lipschitz 常数 θ_1^i（可能未知）满足 $|\tanh_i(z_1) - \tanh_i(z_2)| \leq \theta_1^i |z_1 - z_2|$。

由假设 7.1 可知，记 $\theta_1 = \max\{\theta_1^1, \theta_1^2, \cdots, \theta_1^n\}$，在紧致域 $\overline{V} = \{x \| x\| \leq \alpha |\rho|, x \in \mathbf{R}^n\}$ 有

$$\sup_{\|x\| \leq \alpha|\rho|} \left\| \tanh\left(L\frac{x}{\rho}\right) - \tanh(Lx) \right\| \leq \theta_1 \|L\| \frac{|1-\rho| \cdot \|x\|}{\rho} \leq \theta_1 \alpha |1-\rho| \cdot \|L\| \tag{7-6}$$

广义模糊双曲正切模型（7-4）具有如下定理。

定理 7.1[18]　对 $U \subset \mathbf{R}^n$ 上任意的连续实函数 f 以及任意实数 $\varepsilon > 0$，都存在 $g \in Y$ 满足

$$\sup_{x \in U} |g(x) - f(x)| < \varepsilon \tag{7-7}$$

其中，Y 为所有形如式（7-4）的广义模糊双曲正切模型组成的集合，即广义模糊双曲正切模型具有万能逼近性质。

本章中，引入时变参数 $\rho = \rho(t)$ 对广义模糊双曲正切模型（7-4）进行改造，改造后的模型为

$$\tilde{y} = \sum_{i=1}^{n} \frac{c_{P_i} \mathrm{e}^{l_i(x_i/\rho)} + c_{N_i} \mathrm{e}^{-l_i(x_i/\rho)}}{\mathrm{e}^{l_i(x_i/\rho)} + \mathrm{e}^{-l_i(x_i/\rho)}} \tag{7-8}$$

注 7.3　时变参数 ρ 的变化会影响整个广义模糊双曲正切模型的输出，因此可以通过调整时变参数 ρ 使系统的输出按照期望的目的变化。

7.2　系统描述与基本假设

本节考虑如下形式的非线性动力系统：

$$\dot{x}(t) = f(x(t)) + Bu(t) + d(t) \tag{7-9}$$

其中，$x(t) = (x_1(t), \cdots, x_n(t))^{\mathrm{T}} \in \mathbf{R}^n$ 为可测的状态向量；$f(x(t))$ 是依赖于 $x(t)$ 的未知非线性函数向量，且满足 $f(0) = 0$；$B \in \mathbf{R}^{n \times r}$ 是已知的输入矩阵；控制输入向量 $u(t) = (u_1(t), \cdots, u_r(t))^{\mathrm{T}} \in \mathbf{R}^r$；$d(t) = [d^1(t), \cdots, d^n(t)]^{\mathrm{T}} \in \mathbf{R}^n$ 是外界干扰向量，且满足 $|d^i(t)| \leq d_{\max}^i$，$d_{\max}^i$ 为已知常数。在本章中，为了书写方便，用 x 代替 $x(t)$。

假设 7.2　未知非线性函数 $f_i(z)$ 满足 Lipschitz 条件，即存在一个 Lipschitz 常数 θ_2^i（可能未知）满足 $|f_i(z_1) - f_i(z_2)| \leq \theta_2^i |z_1 - z_2|$。

本章的控制目的是设计控制器 $u(t)$ 使得系统（7-9）中的所有信号是一致有界的。

由于 $f(x(t))$ 是未知非线性函数，因此可以采用带有时变参数的广义模糊双曲正切模型对此非线性函数进行逼近，进而实现对系统（7-9）的控制器设计。

由式（7-8）结合定理 7.1，得出下面的逼近定理 7.2。

定理 7.2　考虑在 $\mathbf{R}^n$ 上的未知非线性连续函数 $f_i(x)$，如果存在如式（7-4）所示的广义模糊双曲正切模型 g_i 以逼近精度 ε_i 逼近 $f_i(x)$，那么在紧致域 $\bar{V} = \{x \| \|x\| \leqslant \alpha |\rho|, x \in \mathbf{R}^n\}$ 上对于带有时变参数的广义模糊双曲正切模型（7-8）的输出满足

$$\sup_{\|x\| \leqslant \alpha|\rho|} \left| g_i\left(\frac{x}{\rho}\right) - f_i(x) \right| \leqslant \alpha\theta_2^i |1-\rho| + \varepsilon_i \tag{7-10}$$

证明： 在假设 7.2 成立的情况下，有如下不等式成立：

$$\left| g_i\left(\frac{x}{\rho}\right) - f_i(x) \right| = \left| g_i\left(\frac{x}{\rho}\right) - f_i\left(\frac{x}{\rho}\right) + f_i\left(\frac{x}{\rho}\right) - f_i(x) \right|$$

$$\leqslant \left| g_i\left(\frac{x}{\rho}\right) - f_i\left(\frac{x}{\rho}\right) \right| + \left| f_i\left(\frac{x}{\rho}\right) - f_i(x) \right| \leqslant \left| g_i\left(\frac{x}{\rho}\right) - f_i\left(\frac{x}{\rho}\right) \right| + \left| f_i\left(\frac{x}{\rho}\right) - f_i(x) \right|$$

$$\leqslant \varepsilon_i + \theta_2^i \left\| \frac{x}{\rho} - x \right\| \leqslant \alpha\theta_2^i |1-\rho| + \varepsilon_i \tag{7-11}$$

注 7.4　从定理 7.2 可以看出，利用带有时变参数的广义模糊双曲正切函数模型逼近未知连续非线性函数时，逼近精度的大小和时变参数是有关系的。因此，在设计广义模糊双曲正切模型控制器时，可以通过设计此参数的自适应律来在线调节逼近精度。

记 $\theta_2 = \max\{\theta_2^1, \theta_2^2, \cdots, \theta_2^n\}$，$\varepsilon = \max\{\varepsilon_1, \varepsilon_2, \cdots, \varepsilon_n\}$，则有

$$\sup_{\|x\| \leqslant \alpha|\rho|} \left\| g\left(\frac{x}{\rho}\right) - f(x) \right\| \leqslant \alpha\theta_2 |1-\rho| + \varepsilon \tag{7-12}$$

注 7.5　在定理 7.2 中，参数 α 由设计者确定，其作用是把系统的可测状态通过伸缩因子 $\frac{1}{\rho}$ 的作用控制在 α 范围之内，因此参数 α 相当于饱和器的参数。

从以上分析可知，在设计广义模糊双曲正切模型自适应控制器时，当 $\|x\| > \alpha|\rho|$ 时，设计滑模面，采用参数自适应律的方法使得状态到达滑模面。此条件等价于系统（7-9）的广义模糊双曲正切模型为

$$\dot{x}(t) = \bar{A}\tanh(Lx) + Bu(t) + d(t) + \varepsilon \tag{7-13}$$

其中，$\bar{A} = \begin{bmatrix} a_{11} & \cdots & a_{1n} \\ \vdots & & \vdots \\ a_{n1} & \cdots & a_{nn} \end{bmatrix}$，$a_{is} = \dfrac{c_{P_{is}} - c_{N_{is}}}{2}$（$s=1,2,\cdots,n$）；$\varepsilon = f(x(t)) - \bar{A}\tanh(Lx)$ 代表

逼近误差。当 $\|x\| \le \alpha|\rho|$ 时，系统（7-9）等价于

$$\dot{x}(t) = \bar{A}\tanh\left(L\frac{x}{\rho}\right) + Bu(t) + d(t) + \Delta f \tag{7-14}$$

其中，$\Delta f = f(x(t)) - \bar{A}\tanh\left(L\dfrac{x}{\rho}\right)$。由式（7-12）知，式（7-14）可以表示为

$$\dot{x}(t) = \bar{A}\tanh\left(L\frac{x}{\rho}\right) + Bu(t) + d(t) + \alpha\theta_2|1-\rho| + \varepsilon \tag{7-15}$$

在工程实践中，式（7-6）、式（7-12）中的 Lipschitz 常数 θ_1、θ_2 和逼近精度 ε 一般是未知的，记 $\hat{\theta}_1$、$\hat{\theta}_2$、$\hat{\varepsilon}$ 分别是 θ_1、θ_2 和 ε 的估计值，相应的估计误差分别记为 $\tilde{\theta}_1 = \hat{\theta}_1 - \theta_1$，$\tilde{\theta}_2 = \hat{\theta}_2 - \theta_2$，$\tilde{\varepsilon} = \hat{\varepsilon} - \varepsilon$。

7.3　主　要　结　论

针对控制任务，给出如下控制器设计形式：

$$u = \begin{cases} 0, & \|x\| > |\rho|\alpha \\ K\tanh\left(L\dfrac{x}{\rho}\right), & \|x\| \le |\rho|\alpha \end{cases} \tag{7-16}$$

其中，控制增益矩阵 K 使 $\bar{A} + BK$ 是 Hurwitz 矩阵，即对于任意给定的正定矩阵 Q，下列 Lyapunov 方程有唯一正定矩阵解 P：

$$P(\bar{A} + BK) + (\bar{A} + BK)^{\mathrm{T}}P = -Q \tag{7-17}$$

及伸缩因子调节律：

$$\dot{\rho} = \begin{cases} \dfrac{1}{2\alpha^2\rho}[\beta + 2\|x\|\cdot(\|\bar{A}\|\cdot\|\tanh(Lx)\| + \sqrt{n}d_{\max} + \hat{\varepsilon})], & \|x\| > |\rho|\alpha \\ -\tau\rho - \dfrac{2\delta}{\rho}\|P\|\cdot\|\tanh(Lx)\|\pi, & \|x\| \le |\rho|\alpha \end{cases} \tag{7-18}$$

其中，$\pi = \alpha\hat{\theta}_1\|L\|\cdot|1-\rho|\cdot(\|\bar{A}\| + \|BK\|) + (\sqrt{n}d_{\max} + \alpha\hat{\theta}_2|1-\rho| + \hat{\varepsilon})$。

自适应律：

$$\dot{\hat{\theta}}_1 = \begin{cases} 0, & \|x\| > |\rho|\alpha \\ -\gamma_1\hat{\theta}_1 + 2\alpha\sigma_1|1-\rho|\cdot\|L\|\cdot\|\tanh(Lx)\|\cdot\|P\|(\|\bar{A}\| + \|BK\|), & \|x\| \le |\rho|\alpha \end{cases} \tag{7-19}$$

$$\dot{\hat{\theta}}_2 = \begin{cases} 0, & \|x\| > |\rho|\alpha \\ -\gamma_2\hat{\theta}_2 + 2\alpha\sigma_2|1-\rho|\cdot\|\tanh(Lx)\|\cdot\|P\|, & \|x\| \le |\rho|\alpha \end{cases} \tag{7-20}$$

$$\dot{\varepsilon} = \begin{cases} 2\eta_1 \|x\|, & \|x\| > |\rho|\alpha \\ -\mu\hat{\varepsilon} + 2\lambda\|\tanh(Lx)\| \cdot \|P\|, & \|x\| \leq |\rho|\alpha \end{cases} \tag{7-21}$$

其中，正参数 α、β、τ、δ、μ、λ、η_1、γ_1、γ_2、σ_1、σ_2 由设计者给定。

定理 7.3　如果假设 7.1 和假设 7.2 成立，则系统（7-9）在控制器（7-16）、伸缩因子调节律（7-18）和自适应律（7-19）～（7-21）的作用下，系统的所有信号是一致终极有界的。

下面分两种情形证明。

证明： 情形（1）：$\|x\| > |\rho|\alpha$。

引入记号 $s = s(x, \rho, \tilde{\varepsilon}, \tilde{\theta}_1, \tilde{\theta}_2) = \|x\|^2 - \rho^2\alpha^2 + 0.5\eta_1^{-1}\tilde{\varepsilon}^2 + 0.5\eta_2^{-1}\tilde{\theta}_1^2 + 0.5\eta_3^{-1}\tilde{\theta}_2^2$。采用开环控制 $u(t) = 0$，容易验证情形（1）的条件满足 $s > 0$。考虑关于 s 的正定函数 $V_1 = \frac{1}{2}s^2$，记 $d_{\max} = \max\{d_{\max}^1, d_{\max}^2, \cdots, d_{\max}^n\}$。由假设 7.1 及调节律（7-18）～（7-21），V_1 沿系统（7-13）的轨线导数为

$$\dot{V}_1 = s\dot{s} = s(\dot{x}^T x + x^T \dot{x} - 2\rho\dot{\rho}\alpha^2 + \eta_1^{-1}\tilde{\varepsilon}\dot{\hat{\varepsilon}} + \eta_2^{-1}\tilde{\theta}_1\dot{\hat{\theta}}_1 + \eta_3^{-1}\tilde{\theta}_2\dot{\hat{\theta}}_2)$$

$$= s\{2x^T[\bar{A}\tanh(Lx) + d(t) + \varepsilon] - 2\rho\dot{\rho}\alpha^2 + \eta_1^{-1}\tilde{\varepsilon}\dot{\hat{\varepsilon}} + \eta_2^{-1}\tilde{\theta}_1\dot{\hat{\theta}}_1 + \eta_3^{-1}\tilde{\theta}_2\dot{\hat{\theta}}_2\}$$

$$\leq s[2\|x\|(\|\bar{A}\| \cdot \|\tanh(Lx)\| + \sqrt{n}d_{\max} + \hat{\varepsilon}) - 2\rho\dot{\rho}\alpha^2 + \eta_2^{-1}\tilde{\theta}_1\dot{\hat{\theta}}_1 + \eta_3^{-1}\tilde{\theta}_2\dot{\hat{\theta}}_2 + \eta_1^{-1}\tilde{\varepsilon}\dot{\hat{\varepsilon}} - 2\tilde{\varepsilon}\|x\|]$$

$$= -\beta s \tag{7-22}$$

则式（7-22）意味着系统（7-13）的状态能够在有限时间内到达曲面 $s = 0$[19]，情形（1）得证。

情形（2）：$\|x\| \leq |\rho|\alpha$。

考虑如下形式的正定函数：

$$V(t) = 2\sum_{i=1}^{n} \frac{p_i}{l_i}\ln(\cosh(l_i x_i)) + \frac{1}{2\delta}\rho^2 + \frac{1}{2\lambda}\tilde{\varepsilon}^2 + \frac{1}{2\sigma_1}\tilde{\theta}_1^2 + \frac{1}{2\sigma_2}\tilde{\theta}_2^2 \tag{7-23}$$

其中，x_i 表示状态向量 $x(t)$ 中的第 i 个状态；l_i 表示矩阵 L 中的第 i 个对角元素，$l_i > 0$；$p_i > 0$。$V(t)$ 沿系统（7-15）的导数为

$$\dot{V}(t) = 2\sum_{i=1}^{n} p_i\tanh(l_i x_i)\dot{x}_i + \delta^{-1}\rho\dot{\rho} + \lambda^{-1}\tilde{\varepsilon}\dot{\hat{\varepsilon}} + \sigma_1^{-1}\tilde{\theta}_1\dot{\hat{\theta}}_1 + \sigma_2^{-1}\tilde{\theta}_2\dot{\hat{\theta}}_2 \tag{7-24}$$

记 $P = \text{diag}(p_1, p_2, \cdots, p_n) \in \mathbf{R}^n$，式（7-24）等价于

$$2\tanh^T(Lx)P\dot{x} + \delta^{-1}\rho\dot{\rho} + \lambda^{-1}\tilde{\varepsilon}\dot{\hat{\varepsilon}} + \sigma_1^{-1}\tilde{\theta}_1\dot{\hat{\theta}}_1 + \sigma_2^{-1}\tilde{\theta}_2\dot{\hat{\theta}}_2$$

$$= 2\tanh^{\mathrm{T}}(Lx)P\{(A+BK)\tanh(Lx)+(A+BK)\left[\tanh\left(L\frac{x}{\rho}\right)-\tanh(Lx)\right]+d(t)$$

$$+\theta_2\alpha|1-\rho|+\varepsilon\}+\delta^{-1}\rho\dot{\rho}+\lambda^{-1}\tilde{\varepsilon}\dot{\hat{\varepsilon}}+\sigma_1^{-1}\tilde{\theta}_1\dot{\hat{\theta}}_1+\sigma_2^{-1}\tilde{\theta}_2\dot{\hat{\theta}}_2$$

$$\leqslant -\tanh^{\mathrm{T}}(Lx)Q\tanh(Lx)+2\|\tanh(Lx)\|\cdot\|P\|(\|\overline{A}\|+\|BK\|)\left\|\tanh\left(L\frac{x}{\rho}\right)-\tanh(Lx)\right\|$$

$$+2\|\tanh(Lx)\|\cdot\|P\|(\sqrt{n}d_{\max}+\theta_2\alpha|1-\rho|+\varepsilon)+\delta^{-1}\rho\dot{\rho}+\lambda^{-1}\tilde{\varepsilon}\dot{\hat{\varepsilon}}+\sigma_1^{-1}\tilde{\theta}_1\dot{\hat{\theta}}_1+\sigma_2^{-1}\tilde{\theta}_2\dot{\hat{\theta}}_2 \quad （7\text{-}25）$$

由式（7-6）和式（7-25）可知

$$\dot{V}(t)\leqslant -\tanh^{\mathrm{T}}(Lx)Q\tanh(Lx)+2\alpha\hat{\theta}_1|1-\rho|\cdot\|L\|\cdot\|\tanh(Lx)\|\cdot\|P\|(\|\overline{A}\|+\|BK\|)$$

$$+2\|\tanh(Lx)\|\cdot\|P\|(\sqrt{n}d_{\max}+\hat{\theta}_2\alpha|1-\rho|+\hat{\varepsilon})+\delta^{-1}\rho\dot{\rho}+\lambda^{-1}\tilde{\varepsilon}(\dot{\hat{\varepsilon}}-2\lambda\|\tanh(Lx)\|\cdot\|P\|)$$

$$+\sigma_1^{-1}\tilde{\theta}_1[\dot{\hat{\theta}}_1-2\sigma_1\alpha|1-\rho|\cdot\|L\|\cdot\|\tanh(Lx)\|\cdot\|P\|(\|\overline{A}\|+\|BK\|)]$$

$$+\sigma_2^{-1}\tilde{\theta}_2[\dot{\hat{\theta}}_2-2\sigma_2\alpha|1-\rho|\cdot\|\tanh(Lx)\|\cdot\|P\|] \quad （7\text{-}26）$$

由自适应律（7-18）～（7-21），得

$$\dot{V}(t)\leqslant -\tanh^{\mathrm{T}}(Lx)Q\tanh(Lx)-\frac{\tau}{\delta}\rho^2-\frac{\mu}{\lambda}\tilde{\varepsilon}\hat{\varepsilon}-\frac{\gamma_1}{\sigma_1}\tilde{\theta}_1\hat{\theta}_1-\frac{\gamma_2}{\sigma_2}\tilde{\theta}_2\hat{\theta}_2 \quad （7\text{-}27）$$

由于不等式

$$-\frac{\mu}{\lambda}\tilde{\varepsilon}\hat{\varepsilon}=-\frac{\mu}{\lambda}\tilde{\varepsilon}^2-\frac{\mu}{\lambda}\tilde{\varepsilon}\varepsilon\leqslant -\frac{\mu}{\lambda}\tilde{\varepsilon}^2+\frac{\mu}{2\lambda}\tilde{\varepsilon}^2+\frac{\mu}{2\lambda}\varepsilon^2=-\frac{\mu}{2\lambda}\tilde{\varepsilon}^2+\frac{\mu}{2\lambda}\varepsilon^2 \quad （7\text{-}28）$$

同理，有如下不等式成立：

$$-\frac{\gamma_1}{\sigma_1}\tilde{\theta}_1\hat{\theta}_1\leqslant -\frac{\gamma_1}{2\sigma_1}\tilde{\theta}_1^2+\frac{\gamma_1}{2\sigma_1}\theta_1^2, \qquad -\frac{\gamma_2}{\sigma_2}\tilde{\theta}_2\hat{\theta}_2\leqslant -\frac{\gamma_2}{2\sigma_2}\tilde{\theta}_2^2+\frac{\gamma_2}{2\sigma_2}\theta_2^2 \quad （7\text{-}29）$$

从式（7-28）和式（7-29）可知

$$\dot{V}(t)\leqslant -\tanh^{\mathrm{T}}(Lx)Q\tanh(Lx)-\frac{\tau}{\delta}\rho^2-\frac{\mu}{2\lambda}\tilde{\varepsilon}^2-\frac{\gamma_1}{2\sigma_1}\tilde{\theta}_1^2-\frac{\gamma_2}{2\sigma_2}\tilde{\theta}_2^2$$

$$+\frac{\gamma_1}{2\sigma_1}\theta_1^2+\frac{\gamma_2}{2\sigma_2}\theta_2^2+\frac{\mu}{2\lambda}\varepsilon^2 \quad （7\text{-}30）$$

令 $\chi=\min\{\lambda_{\min}(QP^{-1}),\tau,\mu,\gamma_1,\gamma_2\}$，$\varpi=\frac{\gamma_1}{2\sigma_1}\theta_1^2+\frac{\gamma_2}{2\sigma_2}\theta_2^2+\frac{\mu}{2\lambda}\varepsilon^2$，式（7-30）等同于

$$\dot{V}(t)\leqslant -\chi V(t)+\varpi \quad （7\text{-}31）$$

式（7-31）两边同时乘以 $\mathrm{e}^{\chi t}$，可以得到

$$\frac{\mathrm{d}}{\mathrm{d}t}(V(t)\mathrm{e}^{\chi t}) \leqslant \varpi \mathrm{e}^{\chi t} \tag{7-32}$$

在 $[0,t]$ 上，对式（7-32）积分有

$$0 \leqslant V(t) \leqslant \left[V(0) - \frac{\varpi}{\chi}\right]\mathrm{e}^{-\chi t} + \frac{\varpi}{\chi} \tag{7-33}$$

因为 $\varpi > 0, \chi > 0$，所以有

$$V(t) \leqslant V(0)\mathrm{e}^{-\chi t} + \frac{\varpi}{\chi} \tag{7-34}$$

由式（7-33）和式（7-34）可以看出，当取 $V(0) = \dfrac{\varpi}{\chi}$ 时，$|x_i| \leqslant \dfrac{1}{l_i}\mathrm{arc}\left(\cosh\left(p_i\sqrt{(\mathrm{e}^{\varpi/(2\chi)})^{l_i}}\right)\right)$，

$|\rho| \leqslant \sqrt{\dfrac{2\varpi\delta}{\chi\lambda_{\min}(P)}}$，$|\tilde{\varepsilon}| \leqslant \sqrt{\dfrac{2\varpi\lambda}{\chi\lambda_{\min}(P)}}$，$|\tilde{\theta}_1| \leqslant \sqrt{\dfrac{2\varpi\sigma_1}{\chi\lambda_{\min}(P)}}$，$|\tilde{\theta}_2| \leqslant \sqrt{\dfrac{2\varpi\sigma_2}{\chi\lambda_{\min}(P)}}$，函数 $V(t)$ 中
的所有信号是一致终极有界的。综合以上两种情形，定理 7.3 得证。

7.4　数　值　算　例

本节考虑如下形式的连续非线性系统：

$$\begin{cases} \dot{x}_1(t) = -0.0313x_2(t) + d_1(t) \\ \dot{x}_2(t) = -0.8366\sin x_1(t) - 0.0332x_2(t) + u + d_2(t) \end{cases} \tag{7-35}$$

从式（7-35）可知，状态变量 x_1、x_2 的模糊子集分别为正和负，可以构造如下
的模糊规则：

$$\text{If } x_1 \text{ is } P_{x_1} \text{ and } x_2 \text{ is } P_{x_2}, \text{Then } f_2 = c_{x_1} + c_{x_2}$$

$$\text{If } x_1 \text{ is } N_{x_1} \text{ and } x_2 \text{ is } P_{x_2}, \text{Then } f_2 = -c_{x_1} + c_{x_2}$$

$$\text{If } x_1 \text{ is } P_{x_1} \text{ and } x_2 \text{ is } N_{x_2}, \text{Then } f_2 = c_{x_1} - c_{x_2}$$

$$\text{If } x_1 \text{ is } N_{x_1} \text{ and } x_2 \text{ is } N_{x_2}, \text{Then } f_2 = -c_{x_1} - c_{x_2}$$

$$\text{If } x_2 \text{ is } P_{x_2}, \text{Then } f_1 = c_{x_2}$$

$$\text{If } x_2 \text{ is } N_{x_2}, \text{Then } f_1 = -c_{x_2}$$

规则中的隶属函数分别选为

$$\begin{cases} \mu(P_{x_i}(x)) = \mathrm{e}^{-\frac{1}{2}(x_i - l_i)^2} \\ \mu(N_{x_i}(x)) = \mathrm{e}^{-\frac{1}{2}(x_i + l_i)^2} \end{cases} \tag{7-36}$$

由式（7-35）知，矩阵 $B=[0\ \ 1]^{\mathrm{T}}$，可以构造出形如式（7-13）的模糊双曲正切模型，

$$x(t)=[x_1(t),x_2(t)]^{\mathrm{T}}，\quad \bar{A}=\begin{bmatrix} 0 & c_{x_2} \\ c_{x_1} & c_{x_2} \end{bmatrix}，\quad \tanh(Lx)=[\tanh(l_1x_1),\tanh(l_2x_2)]^{\mathrm{T}}。采用 BP 神经$$

网络算法来构建参数[10]，得系统参数分别为 $\bar{A}=\begin{bmatrix} 0 & -0.6 \\ 0.8 & -0.6 \end{bmatrix}$，$L=\begin{bmatrix} 1.3533 & 0 \\ 0 & 0.0527 \end{bmatrix}$，

系统（7-35）的状态初始值分别为 $x_1(0)=0$，$x_2(0)=1$，广义模糊双曲正切模型的
状态初始值为 $x_1^1(0)=-0.5$，$x_2^1(0)=2.5$，令状态误差为 $e_1(t)=x_1(t)-x_1^1(t)$，$e_2(t)=x_2(t)-x_2^1(t)$，在不考虑控制器和干扰的情况下，系统的误差时间响应如图 7-1
所示。

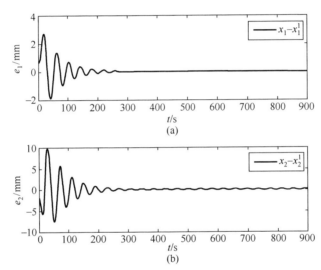

图 7-1　系统（7-35）和广义模糊双曲正切模型的状态误差响应

　　从图 7-1 可以看出，利用广义模糊双曲正切模型可以逼近未知非线性系统。采
用模糊双曲正切模型控制器（7-16），控制器的自适应参数初始值取为 $\rho(0)=0.8$，
$\hat{\varepsilon}(0)=0.6$，$\hat{\theta}_1(0)=0.9$，$\hat{\theta}_2(0)=0.4$。控制增益矩阵为 $K=[20\ \ -30]$。参数分别取为
$\alpha=10$，$\tau=0.1$，$\mu=0.5$，$\gamma_1=0.8$，$\gamma_2=0.2$，$\delta=0.01$，$\beta=12$，$\eta_1=0.06$，$\lambda=0.04$，
$\sigma_1=0.005$，$\sigma_2=0.02$。下面根据系统（7-35）的干扰取两组情形分别讨论其稳定性。

　　（1）外界干扰为 $d_1(t)=0.1\sin(\pi t/10)\mathrm{e}^{-t}$，$d_2(t)=0.1\sin(\pi t/10)$ 时，当 $t\to\infty$ 时，
$d_{\max}=0.1=\max\{0.1,0.1\}$。对系统（7-35）实施控制器（7-16），相应的仿真如图 7-2～
图 7-4 所示。

　　（2）系统（7-35）含有死区 $D(x(t))=[d_1(x_1(t)),d_2(x_2(t))]^{\mathrm{T}}$ 时，其中输入为 $x_1(t)$、
$x_2(t)$，输出为 $d_1(x_1(t))$ 和 $d_2(x_2(t))$ 的死区模型具有如下形式[20]：

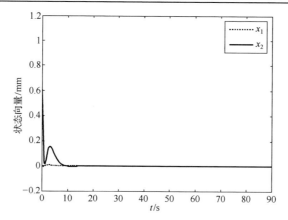

图 7-2　系统（7-35）的状态 x_1、x_2 的时间响应 I

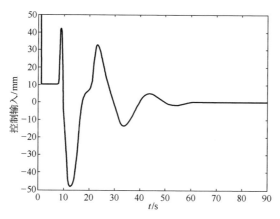

图 7-3　控制信号 $u(t)$ 的时间响应 I

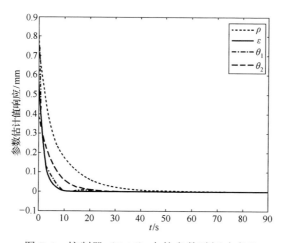

图 7-4　控制器（7-16）中的参数时间响应 I

$$d_i(x_i(t)) = \begin{cases} k_r(x_i(t) - b_r), & x_i(t) \geqslant b_r \\ 0, & b_l < x_i(t) < b_r \\ k_l(x_i(t) - b_l), & x_i(t) \leqslant b_l \end{cases} \qquad (7\text{-}37)$$

死区模型（7-37）是不可以测量的，且死区的斜度满足 $k_r = k_l = k$；模型中的参数 $b_r > 0$、$b_l < 0$ 和 $k > 0$ 是未知的有界常数。死区模型（7-37）可以重新定义如下：

$$d_i(x_i(t)) = kx_i(t) + \bar{d}^i(x_i(t)) \qquad (7\text{-}38)$$

其中

$$\bar{d}^i(x_i(t)) = \begin{cases} -kb_r, & x_i(t) \geqslant b_r \\ -kx_i(t), & b_l < x_i(t) < b_r \\ -kb_l, & x_i(t) \leqslant b_l \end{cases} \qquad (7\text{-}39)$$

由死区模型的性质可知，$\bar{d}^i(x_i(t))$ 是有界的，且满足 $\left| \bar{d}^i(x_i(t)) \right| \leqslant \bar{d}_{\max}^i$，其中 $\bar{d}_{\max}^i = \max\{k_{\max}b_{r\max}, -k_{\max}b_{l\max}\}$，因此 $\bar{d}_{\max} = \max\{\bar{d}_{\max}^1, \bar{d}_{\max}^2\} = \max\{k_{\max}b_{r\max}, -k_{\max}b_{l\max}\}$。由于系统的状态是有界的且满足条件 $|x_1| \leqslant 5$，$|x_2| \leqslant 10$，由以上分析可知，死区模型（7-37）是有界的。如果死区模型中的参数分别为 $k = 0.5$，$b_r = 0.5$，$b_l = -0.6$，参数的界可以分别取为 $k_{\min} = 0.1$，$k_{\max} = 1$，$b_{r\min} = 0.1$，$b_{r\max} = 0.6$，$b_{l\min} = -0.7$，$b_{l\max} = -0.1$，则死区模型（7-37）的界可以取为 $D_{\max} = \max\{d_{1\max}, d_{2\max}\} = 15$。在控制器（7-16）的作用下，系统（7-35）仿真结果如图 7-5～图 7-7 所示。

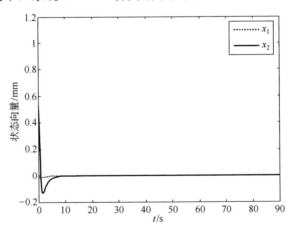

图 7-5　系统（7-35）的状态 x_1、x_2 的时间响应 II

从上面两种情形的仿真结果中可以看出，利用带有自适应参数的广义模糊双曲正切模型控制器，能得使非线性系统（7-35）中的所有状态一致终极有界。

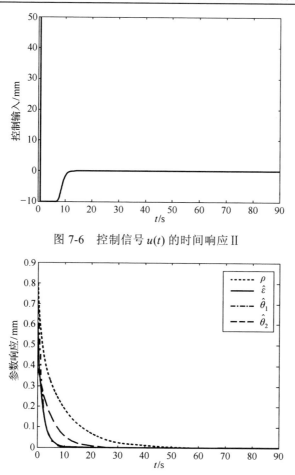

图 7-6　控制信号 $u(t)$ 的时间响应 II

图 7-7　控制器（7-16）中的参数时间响应 II

7.5　本 章 小 结

通过在广义模糊双曲正切模型中引入时变参数，对一类非线性系统设计了一种自适应控制方法，在控制器的设计过程中，广义模糊双曲正切模型的逼近精度和时变参数可以通过自适应律在线自动调节。从仿真中可以看出，该方法能使得被控系统的状态及参数估计误差一致终极有界。

参 考 文 献

[1]　Wang L X, Mendel J M. Fuzzy basis functions, universal approximation and orthogonal least squares learning. IEEE Transactions on Neural Networks, 1992, 3: 807-814.

[2]　Wang L X. Adaptive Fuzzy Systems and Control: Design and Stability Analysis. Englewood Cliffs:Prentice Hall, 1994.

[3]　秦勇,贾利民,张锡第. 基于广义模糊基函数的多变量模糊模型及其辨识方法. 控制与决策, 1997, 12: 491-495.

[4]　Takagi T, Sugeno M. A robust stabilization problem of fuzzy control systems and its application to backing up control of truck-trailer. IEEE Transactions on Fuzzy Systems, 1994, 2:119-133.

[5]　李医民, 杜一君. 区间 Type-2 T-S 间接自适应模糊控制. 控制理论与应用, 2011, 28: 1558-1568.

[6]　Cao S G, Ress N W. Analysis and design for a class of complex control systems, part I: Fuzzy modeling and identification. Automatica, 1997, 33: 1017-1028.

[7]　Zhao Y, Zhang T Y, Yang D S, et al. Fuzzy modeling and H_∞ synchronization of different hyperchaotic systems via T-S models. Applied Mathematics and Information Sciences, 2013, 7: 193-200.

[8]　Ahn C K. Takagi-Sugeno fuzzy receding horizon H_∞ chaotic synchronization and its application to the Lorenz system. Nonlinear Analysis: Hybrid Systems, 2013, 9: 1-8.

[9]　张化光, 全永兵. 模糊双曲正切模型的建模方法与控制器设计. 自动化学报, 2000, 26: 729-735.

[10]　Zhang H G, Quan Y B. Modeling, identification and control of a class of nonlinear system. IEEE Transactions on Fuzzy Systems, 2001, 9: 349-354.

[11]　张化光, 王智良, 黎明, 等. 广义模糊双曲正切模型: 一个万能逼近器. 自动化学报, 2004, 30: 416-422.

[12]　张明君, 张化光. 基于广义模糊双曲正切模型的自适应控制器. 控制与决策, 2004, 19: 1301-1304.

[13]　Zhang M J, Zhang H G. Robust adaptive fuzzy control based on generalized fuzzy hyperbolic// Proceedings of the 16th IFAC World Congress, 2005, 3:1709-1714.

[14]　Zhang J L, Zhang H G, Luo Y H, et al. Nearly optimal control scheme using adaptive dynamic programming based on generalized fuzzy hyperbolic model. Acta Automatica Sinica, 2013, 39: 142-148.

[15]　Wang Y Z, Zhang H G, Liu X R. Robust H_∞ control based on fuzzy hyperbolic model with time-delay. Progress in Natural Science, 2008, 18: 1429-1435.

[16]　Wang G, Zhang H G, Chen B, et al. Fuzzy hyperbolic neural network with time-varying delays. Fuzzy Sets and Systems, 2010, 161: 2533-2551.

[17]　Zhang H G, Liu X R, Gong Q X, et al. New sufficient conditions for robust H_∞ fuzzy hyperbolic tangent control of uncertain nonlinear systems with time-varying delay. Fuzzy Sets and Systems, 2010, 161:1993-2011.

[18]　张化光. 模糊双曲正切模型——建模, 控制, 应用. 北京: 科学出版社, 2009.

[19]　Slotine J J E, Li W. 应用非线性控制. 程代展译. 北京: 机械工业出版社, 2006.

[20]　张天平, 裔扬, 梅建东. 带有未知死区模型的鲁棒自适应模糊控制. 控制与决策, 2006, 21: 367-375.

第8章 一类具有混沌现象的不确定非线性动态系统的模糊自适应同步控制

目前，学者对驱动响应混沌系统的同步控制已经提出了许多方法。例如，在文献[1]～[8]中，带有不确定参数的自适应方法被用作实现驱动系统和响应系统的同步。在文献[4]中，带有不确定参数的两个不同的混沌系统通过自适应控制提出一个Q-S同步设计方案。文献[5]设计一个自适应反馈控制器来实现在不匹配的两个能源资源系统的同步。文献[6]用自适应同步方案研究带有四个不确定参数的驱动系统的相位同步和完全同步。在非一致的超混沌系统的研究中，探讨自适应控制和带有控制增益系数的参数观测器的最优控制器设计[7]。在文献[8]中，对两个严格不同的时滞混沌系统，通过设计带有不确定参数和非线性反馈增益的估计自适应控制器来实现同步。另外，在文献[9]中，利用观测器的设计得到两个系统状态和传输信号的精确估计，从而实现可测量同步。文献[10]对两个相同的 Rikitake 系统或两个不同的混沌系统，设计耗散控制器使系统能达到同步。在文献[2]、[11]～[14]中，滑模变结构控制器被用作对一类带有不确定混沌系统的同步设计。对带有不确定参数的非线性系统，Backstepping 方法可以用来实现系统的同步控制[15-17]。时间序列和可视化的奇异吸引子的吸引力可以用作探讨混沌系统的结构[18,19]，这就有利于将实验观察的现象用到观察混沌同步现象中。

然而，不管是采用哪种方法来探讨驱动响应同步，都需要通过从被考虑的系统中获得信息来构造控制器。但是，在很多情况下，由于系统结构的复杂性和干扰存在，例如，电路和电导变化而产生辐射电磁场，积累的焦耳热过早地抵抗波动等，系统的精确数学模型可能不能得到或者不完全得到。这就激发我们利用模糊逻辑系统来总结专家的经验或语言表达的直观知识。近年来，基于 T-S 模糊模型的控制方法被用在混沌的同步中[20-23]。由于混沌系统对参数具有极高的敏感性，不可能用 T-S模糊模型近似地代替混沌系统。在文献[20]～[23]中，T-S 模糊模型可以精确地描述混沌系统的动态模型，基于 T-S 模糊模型，模糊控制方法设计就可以实现跟踪或者同步。但是，不是所有的混沌系统可以都精确表示为 T-S 模糊模型。因此，文献[20]～[23]中的方法不能解决带有不确定性的复杂动态混沌系统中的同步问题。

一般来说，在带有不确定或未知非线性的驱动系统和响应系统中，通常的控制方法很难实现同步。有很多结论说明模糊逻辑系统是万能逼近器[24,25]，利用这些结论，模糊逻辑系统被用作逼近混沌系统中的不确定项或未知非线性项[26-28]。从数学的角度来看，在文献[26]~[28]中，自适应模糊同步的方法主要依靠 Mamdani 模糊逻辑系统的输出可以表示成一些模糊基函数的线性组合的形式，这些组合系数可以通过自适应律加以估计。利用这种方法，自适应律的数目有赖于模糊规则的数目，为了提高控制性能，大量的模糊规则用来设计模糊自适应控制器，这就导致了大量的自适应律需要在线估计。实施这种控制器就需要长时间的在线计算而容易产生较大的时滞，这将诱发混沌系统的极端敏感性，造成系统失稳。

与 Mamdani 型或带有线性规则后件的 T-S 型模糊逻辑系统相比，具有非线性后件形式的 T-S 型模糊逻辑系统（T-S-FLS-NRC）的主要优势是具有较强的表示能力和逼近能力，通过很少的简单规则能描述高复杂的非线性[29,30]。因为混沌系统对时滞是极端敏感的，考虑用 T-S-FLS-NRC 来解决同步问题，这样可以减少在线计算负担和避免时滞。但是，T-S-FLS-NRC 的输出不能表示为某些模糊基函数的线性组合形式，因此，文献[26]~[28]中所给的方法失效。以上分析促使我们针对混沌系统的同步探索一种新的基于 T-S-FLS-NRC 的自适应模糊控制设计方法。

本章内容安排如下：首先，给出驱动系统和响应系统的动态模型及 T-S-FLS-NRC 描述。然后，将一个可以测量的时变参数引用到 T-S-FLS-NRC 的输出端来设计自适应模糊控制器，实现混沌系统的驱动响应同步控制。最后，用一个仿真例子说明方法的有效性。在本章内容的结尾部分，给出了结论总结。

8.1　混沌系统驱动响应同步

考虑如下的混沌系统，称该系统为驱动系统：

$$\dot{z} = Az + B[f(z) + \xi_1(t)] \tag{8-1}$$

其中，状态向量 $z = (z_1, z_2, \cdots, z_n)^T \subseteq \mathbf{R}^n$；$A$ 和 B 分别是 $n \times n$ 阶和 $n \times m$ 阶实数矩阵；$f(z) = (f_1(z), \cdots, f_m(z))^T$；干扰向量 $\xi_1(t) = (\xi_{11}(t), \cdots, \xi_{1m}(t))^T$。这里 $f_k(z)$ 和 $\xi_{1k}(t)$ $(k = 1, 2, \cdots, m)$ 是未知的连续函数。

响应系统表示为

$$\dot{y} = Ay + B[f(y) + \xi_2(t) + gu] \tag{8-2}$$

其中，控制输入 $u = (u_1, \cdots, u_m)^T \in \mathbf{R}^m$；干扰向量 $\xi_2(t) = (\xi_{21}(t), \cdots, \xi_{2m}(t))^T$ 是在 $[0, +\infty)$ 上的连续函数；g 是一个未知的常数增益并满足 $g \neq 0$。

注 8.1　（1）如果 $A = \begin{bmatrix} O & I_{n-1} \\ 0 & O^T \end{bmatrix}$，$B = \begin{bmatrix} O^T & 1 \end{bmatrix}^T$，其中 O 代表 $n-1$ 阶零向量，I_{n-1} 代表 $n-1$ 阶单位矩阵，则系统（8-1）可以表示为 $x^{(n)} = f(z) + \xi_1(t)$，这里 $z = (x, \dot{x}, \cdots, x^{(n-1)})^T$。当 $n = 3$ 时，这种混沌系统包括 Sprott 混沌系统[31,32]和 Duffing 混沌系统[33]。

（2）如果 $B = I_m$（m 阶单位矩阵），系统（8-1）演变为文献[2]、[34]~[36]中的模型。

（3）如果 $B = \begin{bmatrix} 0 & 0 \\ 1 & 0 \\ 0 & 1 \end{bmatrix}$，则 Lorenz 混沌系统可以表示成式（8-1）的形式。

（4）在模型（8-1）和（8-2）中，假设连续函数 $f(*)$、$\xi_1(t)$、$\xi_2(t)$ 和控制增益 g 是未知的。在实际应用中，这就意味着由于动态机理的不确定，干扰和参数的变动使得混沌系统不能用精确的数学模型来表示。这里，$f(*)$ 和 g 可以利用模糊逻辑系统来逼近。在下面的假设 8.1 中，$\xi_1(t)$ 和 $\xi_2(t)$ 被认为是具有已知上界的干扰项。

令 $e = y - z$ 代表状态误差。由式（8-2）减式（8-1）可得如下的误差动态方程：

$$\dot{e} = Ae + B[f(y) - f(z) + \xi_2(t) - \xi_1(t) + gu] \qquad (8\text{-}3)$$

假设 8.1　矩阵对 (A, B) 是完全可控的，也就是说，对任意给定矩阵 $Q > 0$，一定存在一个 $m \times n$ 阶的矩阵 K 使得下面的 Lyapunov 方程有一个正定对称矩阵解 P：

$$(A + BK)^{\mathrm{T}} P + P(A + BK) = -Q \qquad (8\text{-}4)$$

假设 8.2　（1）$\left| \xi_j(t) \right| \leqslant \omega_j(t)$，$j = 1, 2$，其中 $\omega_j(t)$ 是在 $[0, +\infty)$ 上的已知的有界连续函数。

（2）存在两个已知正常数 $\underline{g}$ 和 $\overline{g}$ 使得 $0 < \underline{g} \leqslant g \leqslant \overline{g}$。

（3）$f(z)$ 在紧致集合 $W \subseteq \mathbf{R}^n$ 上满足 Lipschitz 条件，即存在一个正常数 L（可能是未知的）使得 $\| f(z_1) - f(z_2) \| \leqslant L \| z_1 - z_2 \|$，$z_1, z_2 \in W$。

注 8.2　（1）方程（8-4）中的矩阵 K 可以通过解线性矩阵不等式 $XA^{\mathrm{T}} + AX + BY + Y^{\mathrm{T}} B^{\mathrm{T}} < 0$，$X > 0$ 得到，其中 $X = P^{-1}$，$Y = KX$。

（2）如果 $\dfrac{\partial f_k}{\partial z_j}$（$j = 1, 2, \cdots, n$；$k = 1, 2, \cdots, m$）在 W 上是连续的，则假设 8.2 中的

Lipschitz 常数可以取为 $L = \sup\limits_{z \in W} \left\| \left(\dfrac{\partial f_k}{\partial z_j} \right)_{m \times n} \right\|$。

下面考虑在有限区域 $W \subseteq \mathbf{R}^n$ 上的具有非线性后件形式的 T-S 型模糊逻辑系统 FS$\{k\}$，其规则形式：

FS$\{k\}$_R^{i_k}：If z_1 is $A_{1k}^{i_k}$ and z_2 is $A_{2k}^{i_k}$ and $\cdots$ and z_n is $A_{jk}^{i_k}$, Then

$$y^k = F_{i_k}^k(z), \quad i_k = 1, 2, \cdots, N_k \qquad (8\text{-}5)$$

其中，$A_{jk}^{i_k}$（$k = 1, 2, \cdots, m$；$j = 1, 2, \cdots, n$）表示模糊集合；$A_{jk}^{i_k}(z_j)$ 表示 $A_{jk}^{i_k}$ 的模糊隶属函数；$y^k = F_{i_k}^k(z)$ 表示在 $W \subseteq \mathbf{R}^n$ 上的连续函数。

如果采用单点模糊化、乘积推理和中心解模糊方法，则模糊逻辑系统（8-5）的输出形式为

$$y^k = F^k(z) = \frac{\sum_{i_k=1}^{N_k} F_{i_k}^k(z) \prod_{j=1}^{n} A_{jk}^{i_k}(z_j)}{\sum_{i_k=1}^{N_k} \prod_{j=1}^{n} A_{jk}^{i_k}(z_j)}, \quad k=1,2,\cdots,m \tag{8-6}$$

现在，在式（8-6）中引入一个非零的时变参数 $\rho = \rho(t)$，得到如下的结果：

$$\tilde{y}^k = F^k\left(\frac{z}{\rho}\right) = \frac{\sum_{i_k=1}^{N_k} F_{i_k}^k\left(\frac{z}{\rho}\right) \prod_{j=1}^{n} A_{jk}^{i_k}\left(\frac{z_j}{\rho}\right)}{\sum_{i_k=1}^{N_k} \prod_{j=1}^{n} A_{jk}^{i_k}\left(\frac{z_j}{\rho}\right)} \tag{8-7}$$

假设 8.3　存在 m 个正常数 ε_k（可能是未知的）和带有输出形式为式（8-6）的 T-S 型模糊逻辑系统使得 $\sup\limits_{z \in W} \left| \dfrac{f_k(z)}{g} - F^k(z) \right| \le \varepsilon_k$（$k=1,2,\cdots,m$）成立。

如果假设 8.3 满足，则引入符号 $F(z) = (F^1(z), \cdots, F^m(z))^{\mathrm{T}}$，很容易得到 $\sup\limits_{z \in W} \left\| \dfrac{1}{g} f(z) - F(z) \right\| \le \sqrt{\sum_{k=1}^{m} \varepsilon_k^2} \stackrel{\text{def}}{=} \varepsilon$。为了简单起见，引入符号 $\hat{\varepsilon} = \hat{\varepsilon}(t)$ 和 $\hat{L} = \hat{L}(t)$ 分别代表 ε 和 L 估计值，$\tilde{\varepsilon} = \hat{\varepsilon} - \varepsilon$ 和 $\tilde{L} = \hat{L} - L$ 代表相应的估计误差。

考虑如下形式的扩展误差闭环系统（extended error closed-loop system，EECS）：

$$\dot{e} = Ae + B[f(y) - f(z) + \xi_2(t) - \xi_1(t) + gu] \tag{8-8}$$

$$\dot{\rho} = \pi(e, \rho, \hat{\varepsilon}, \hat{L}) \tag{8-9}$$

$$\dot{\hat{\varepsilon}} = \Psi(e, \rho, \hat{\varepsilon}, \hat{L}) \tag{8-10}$$

$$\dot{\hat{L}} = \Phi(e, \rho, \hat{\varepsilon}, \hat{L}) \tag{8-11}$$

$$u = u(z, y, \rho) \tag{8-12}$$

其中，EECS（8-8）的状态向量为 $\mathbb{Z} = (e^{\mathrm{T}}, \rho, \hat{\varepsilon}, \hat{L})^{\mathrm{T}}$，参数 ρ 的调节律为 $\pi(*)$，$\Psi(*)$ 与 $\Phi(*)$ 分别代表 ε 和 L 的估计自适应律，控制器 $u = u(z, y, \rho)$ 基于下面的控制目标进行设计。

控制目标：设计控制器（8-12），调节律（8-9）～（8-11）使得 EECS（8-8）～（8-12）的状态向量是有界的，同步误差 $e \stackrel{t \to +\infty}{\longrightarrow} 0$。

8.2 主 要 结 论

根据上面的控制目标，对响应系统（8-2），提出如下的控制策略：

$$u = \begin{cases} 0, & \|e\| > |\rho|\alpha \\ u_a + u_b, & \|e\| \leq |\rho|\alpha \end{cases} \tag{8-13}$$

$$u_a = Ke + v, \quad u_b = F\left(\frac{z}{\rho}\right) - F\left(\frac{y}{\rho}\right) \tag{8-14}$$

其中，$v = \begin{cases} -\dfrac{B^{\mathrm{T}}Pe}{\|e^{\mathrm{T}}PB\|}\dfrac{(\bar{g}+1)\|Ke\| + \omega_1(t) + \omega_2(t)}{\underline{g}}, & e^{\mathrm{T}}PB \neq 0 \\ 0, & e^{\mathrm{T}}PB = 0 \end{cases}$ 。

设计如下的调节律和自适应律：

$$\dot{\rho} = \begin{cases} \dfrac{1}{2\rho\alpha^2}\{\delta + [2\|A\| + 2\|B\|\hat{L}]\|e\|^2 + 2\|B\| \cdot \|e\|[\omega_1(t) + \omega_2(t)]\}, & \|e\| > |\rho|\alpha \\ -2\dfrac{\beta_1}{\rho}\|PB\| \cdot \|e\|[\alpha\hat{L}(1+|\rho|) + 2\bar{g}\hat{\varepsilon}], & \|e\| \leq |\rho|\alpha \end{cases} \tag{8-15}$$

$$\dot{\hat{\varepsilon}} = \begin{cases} 0, & \|e\| > |\rho|\alpha \\ 4\beta_2\bar{g}\|PB\| \cdot \|e\|, & \|e\| \leq |\rho|\alpha \end{cases} \tag{8-16}$$

$$\dot{\hat{L}} = \begin{cases} 2\lambda\|B\| \cdot \|e\|^2, & \|e\| > |\rho|\alpha \\ 2\beta_3\alpha(1+|\rho|)\|PB\| \cdot \|e\|, & \|e\| \leq |\rho|\alpha \end{cases} \tag{8-17}$$

其中，δ、λ、β_k（$k=1,2,3$）是可调的正常数；α 是一个正的设计常数并满足 $\{z\|\|z\| \leq \alpha\} \subseteq W$。

定理 8.1 针对驱动系统（8-1）和响应系统（8-2），如果假设 8.1～假设 8.3 得到满足，则通过采用控制策略（8-13）和调节律（8-15）～（8-17），驱动系统（8-1）和响应系统（8-2）可以实现渐近同步，同时可以保证参数 ρ、估计值 $\hat{\varepsilon}$ 和 $\hat{L}$ 有界。

证明： 考虑下面的两种情形完成定理的证明。

情形（1）：$\|e\| > |\rho|\alpha$。

在这种情形下，证明状态向量 $\mathbb{Z} = (e^{\mathrm{T}}, \rho, \hat{\varepsilon}, \hat{L})^{\mathrm{T}}$ 在有限时间可以达到紧致集合 $D = \{\mathbb{Z}\|\|e\| \leq |\rho|\alpha\}$，令 $s = s(e, \rho, \tilde{\varepsilon}, \tilde{L}) = \|e\|^2 - \rho^2\alpha^2 + 0.5\tilde{\varepsilon}^2 + 0.5\lambda^{-1}\tilde{L}^2$。很容易验证 $\|e\| > |\rho|\alpha$ 意味着 $s > 0$。

考虑正定函数 $\bar{V} = \frac{1}{2}s^2$。通过利用式（8-13）～（8-17）和假设 8.2 中的 Lipschitz 条件，函数 $\bar{V}$ 沿系统 EECS（8-8）～（8-12）的导数为

$$\dot{\bar{V}} = s(\dot{e}^{\mathrm{T}}e + e^{\mathrm{T}}\dot{e} - 2\rho\dot{\rho}\alpha^2 + \tilde{\varepsilon}\dot{\hat{\varepsilon}} + \lambda^{-1}\tilde{L}\dot{\hat{L}})$$

$$= s\{e^{\mathrm{T}}(A^{\mathrm{T}} + A)e + 2e^{\mathrm{T}}B[f(y) - f(z) + \xi_2(t) - \xi_1(t)] - 2\rho\dot{\rho}\alpha^2 + \lambda^{-1}\tilde{L}\dot{\hat{L}}\}$$

$$\leqslant s\{2\|A\| \cdot \|e\|^2 + 2\|e\| \cdot \|B\|[L\|e\| + \omega_1(t) + \omega_2(t)] - 2\rho\dot{\rho}\alpha^2 + \lambda^{-1}\tilde{L}\dot{\hat{L}}\}$$

$$= s\{2\|A\| \cdot \|e\|^2 + 2\|e\| \cdot \|B\|[(\hat{L} - \tilde{L})\|e\| + \omega_1(t) + \omega_2(t)] - 2\rho\dot{\rho}\alpha^2 + \lambda^{-1}\tilde{L}\dot{\hat{L}}\}$$

$$= s\{[2\|A\| + 2\|B\|\hat{L}]\|e\|^2 + 2\|e\| \cdot \|B\|[\omega_1(t) + \omega_2(t)] - 2\rho\dot{\rho}\alpha^2 + \tilde{L}[\lambda^{-1}\dot{\hat{L}} - 2\|B\| \cdot \|e\|^2]\}$$

$$= -\delta s \tag{8-18}$$

因为 $\{\mathbb{Z} \mid s = 0\} \subseteq D$，由式（8-18）和文献[37]的结果可知，在情形（1）时，系统的状态 $\mathbb{Z} = (e^{\mathrm{T}}, \rho, \hat{\varepsilon}, \hat{L})^{\mathrm{T}}$ 可以在有限时间到达紧致集合 D。

情形（2）：$\|e\| \leqslant |\rho|\alpha$。

在此情形下，考虑正定函数 $V(t) = e^{\mathrm{T}}Pe + 0.5\beta_1^{-1}\rho^2 + 0.5\beta_2^{-1}\tilde{\varepsilon}^2 + 0.5\beta_3^{-1}\tilde{L}^2$。如果假设 8.1～假设 8.3 成立，则函数 $V(t)$ 沿系统 EECS（8-8）～（8-12）的导数为

$$\dot{V}(t) = -e^{\mathrm{T}}Qe + 2e^{\mathrm{T}}PBg\left\{\frac{1}{g}[-Ke + \xi_2(t) - \xi_1(t)] + u_a\right\}$$

$$+ 2e^{\mathrm{T}}PBg\left\{\frac{1}{g}[f(y) - f(z)] + u_b\right\} + \beta_1^{-1}\rho\dot{\rho} + \beta_2^{-1}\tilde{\varepsilon}\dot{\hat{\varepsilon}} + \beta_3^{-1}\tilde{L}\dot{\hat{L}}$$

$$= -e^{\mathrm{T}}Qe + 2e^{\mathrm{T}}PBg\left\{\left(1 - \frac{1}{g}\right)Ke + \frac{1}{g}[\xi_2(t) - \xi_1(t)] + v\right\}$$

$$+ 2e^{\mathrm{T}}PBg\left\{\frac{1}{g}[f(y) - f(z)] + u_b\right\} + \beta_1^{-1}\rho\dot{\rho} + \beta_2^{-1}\tilde{\varepsilon}\dot{\hat{\varepsilon}} + \beta_3^{-1}\tilde{L}\dot{\hat{L}} \tag{8-19}$$

由控制器（8-13），可以得到

$$2e^{\mathrm{T}}PBg\left\{\left(1 - \frac{1}{g}\right)Ke + \frac{1}{g}[\xi_2(t) - \xi_1(t)] + v\right\}$$

$$= 2\left\{\begin{array}{ll} -\|e^{\mathrm{T}}PB\|\dfrac{[(\overline{g} + 1)\|Ke\| + \omega_1(t) + \omega_2(t)]g}{\underline{g}}, & e^{\mathrm{T}}PB \neq 0 \\ 0, & e^{\mathrm{T}}PB = 0 \end{array}\right.$$

$$+ 2e^{\mathrm{T}}PB[(g - 1)Ke + \xi_2(t) - \xi_1(t)]$$

$$\leqslant -2\|e^{\mathrm{T}}PB\|\dfrac{[(\overline{g} + 1)\|Ke\| + \omega_1(t) + \omega_2(t)]g}{\underline{g}}$$

$$+2\left\|e^{\mathrm{T}}PB\right\|\left[(\overline{g}+1)\|Ke\|+\omega_1(t)+\omega_2(t)\right]$$

$$=2\left\|e^{\mathrm{T}}PB\right\|\left[(\overline{g}+1)\|Ke\|+\omega_1(t)+\omega_2(t)\right]\left[1-\frac{g}{\underline{g}}\right]\leqslant 0 \qquad（8\text{-}20）$$

同样，可以得到

$$2e^{\mathrm{T}}PBg\left\{\frac{1}{g}[f(y)-f(z)]+u_b\right\}$$

$$=2e^{\mathrm{T}}PBg\left\{\left[\frac{1}{g}f(y)-F\left(\frac{y}{\rho}\right)\right]+\left[F\left(\frac{z}{\rho}\right)-\frac{1}{g}f(z)\right]\right\}$$

$$=2e^{\mathrm{T}}PBg\left\{\left[\frac{1}{g}f(y)-\frac{1}{g}f\left(\frac{y}{\rho}\right)\right]+\left[\frac{1}{g}f\left(\frac{y}{\rho}\right)-F\left(\frac{y}{\rho}\right)\right]\right.$$

$$\left.+\left[F\left(\frac{z}{\rho}\right)-\frac{1}{g}f\left(\frac{z}{\rho}\right)\right]+\left[\frac{1}{g}f\left(\frac{z}{\rho}\right)-\frac{1}{g}f(z)\right]\right\}$$

$$\leqslant 2\left\|e^{\mathrm{T}}PB\right\|g\left\{\frac{1}{g}\|f(y)-f(z)\|+\frac{1}{g}\left\|f\left(\frac{z}{\rho}\right)-f\left(\frac{y}{\rho}\right)\right\|+2\sqrt{\sum_{k=1}^{m}\varepsilon_k^2}\right\}$$

$$\leqslant 2\left\|e^{\mathrm{T}}PB\right\|\left[L\left(1+\frac{1}{|\rho|}\right)\|e\|+2\overline{g}\varepsilon\right]$$

$$\leqslant 2\|PB\|\cdot\|e\|\left[L\left(1+\frac{1}{|\rho|}\right)|\rho|\alpha+2\overline{g}\varepsilon\right]$$

$$=2\|PB\|\cdot\|e\|[\alpha(\hat{L}-\tilde{L})(1+|\rho|)+2\overline{g}(\hat{\varepsilon}-\tilde{\varepsilon})] \qquad（8\text{-}21）$$

由式（8-19）～（8-21），可得

$$\dot{V}(t)\leqslant -e^{\mathrm{T}}Qe+2\|PB\|\cdot\|e\|[\alpha(\hat{L}-\tilde{L})(1+|\rho|)+2\overline{g}(\hat{\varepsilon}-\tilde{\varepsilon})]+\beta_1^{-1}\rho\dot{\rho}+\beta_2^{-1}\tilde{\varepsilon}\dot{\hat{\varepsilon}}+\beta_3^{-1}\tilde{L}\dot{\hat{L}}$$

$$=-e^{\mathrm{T}}Qe+2\|PB\|\cdot\|e\|[\alpha\hat{L}(1+|\rho|)+2\overline{g}\hat{\varepsilon}]+\beta_1^{-1}\rho\dot{\rho}+\tilde{\varepsilon}[\beta_2^{-1}\dot{\hat{\varepsilon}}-4\overline{g}\|PB\|\cdot\|e\|]+$$

$$+\tilde{L}[\beta_3^{-1}\dot{\hat{L}}-2\alpha(1+|\rho|)\|PB\|\cdot\|e\|]$$

$$=-e^{\mathrm{T}}Qe \qquad（8\text{-}22）$$

不等式（8-22）意味着 EECS（8-8）～（8-12）的状态 $\mathbb{Z}=(z^{\mathrm{T}},\rho,\hat{\varepsilon},\hat{L})^{\mathrm{T}}$ 是有界的。由式（8-8）～（8-14）和假设 8.2、假设 8.3 很容易判断，$\dot{e}(t)$ 在情形（2）的条件下也是有界的，因此由文献[37]中的 Barbalat 引理可知 $e\xrightarrow{t\to+\infty}0$；上述两种情况完成了定理 8.1 中的证明。

注 8.3　调节律（8-15）～（8-17）具有如下特点。

（1）调节律（8-16）和（8-17）意味着函数 $\hat{\varepsilon}(t)$ 和 $\hat{L}(t)$ 在 $[0,+\infty)$ 上是增函数，因此初始条件 $\hat{\varepsilon}(0) > 0$ 与 $\hat{L}(0) > 0$ 可以保证 $\hat{\varepsilon}(t) > 0$ 和 $\hat{L}(t) > 0$ 成立。同时，意味着函数 $\rho^2(t)$ 在 $\{t\|z(t)\| > |\rho(t)|\alpha\}$ 是增函数以及在 $\{t\|z(t)\| \leq |\rho(t)|\alpha\}$ 是减函数。因此，初始条件 $\rho(0) \neq 0$ 在 $\{t\|z(t)\| > |\rho(t)|\alpha\}$ 保证 $\rho(t) \neq 0$。

（2）在上述初始条件下，如果误差 $e(t)$ 随时间增幅很大，那么 $|\rho(t)|$ 将依据调节律（8-15）增加，从而使得 $\left\|\dfrac{e(t)}{\rho(t)}\right\|$ 落到 $\{e\|e(t)\| \leq |\rho(t)|\alpha\}$，这就保证了误差可以在有限时间内进入到 T-S 模糊逻辑系统的有效作用范围 W 中。

（3）当误差 $e(t)$ 进入 $\{e\|e(t)\| \leq |\rho(t)|\alpha\}$ 时，$|\rho(t)|$ 递减，带有参数 $\rho(t)$ 的 T-S 模糊逻辑系统（8-7）的输出作为控制器（8-13）的形式来实现控制，使得误差 $e(t)$ 在调节律（8-15）～（8-17）的作用下可以收敛到原点附近。

（4）在实际应用中，可调节参数 λ、β_2、β_3，需要选取足够小以使得函数 $\hat{\varepsilon}(t)$ 和 $\hat{L}(t)$ 在有限时间内达到可以接受的误差界内。

（5）控制器（8-13）和调节律（8-15）～（8-17）表现为变结构的形式，因而"抖振"现象可能发生在实际的应用中。减弱"抖振"的方法类似于滑模变结构控制中的方法。

8.3 仿 真 算 例

考虑驱动混沌系统是具有如下动态方程的 Lorenz 混沌系统：

$$\dot{z}_1 = \sigma(z_2 - z_1), \quad \dot{z}_2 = -z_1 z_3 - \gamma z_1 - z_2, \quad \dot{z}_3 = z_1 z_2 - b z_3 \tag{8-23}$$

系统（8-23）可以表示为式（8-1）的形式：

$$\dot{z} = Az + Bf(z) \tag{8-24}$$

其中，$A = \begin{bmatrix} -\sigma & \sigma & 0 \\ \gamma & -1 & 0 \\ 0 & 0 & -b \end{bmatrix}$；$B = \begin{bmatrix} 0 & 0 \\ 1 & 0 \\ 0 & 1 \end{bmatrix}$；$f(z) = \begin{bmatrix} -z_1 z_3 \\ z_1 z_2 \end{bmatrix}$。这里 $\sigma = 10$，$\gamma = 28$，$b = 8/3$。

响应系统为

$$\dot{y} = Ay + B[f(y) + \xi_2(t) + gu] \tag{8-25}$$

其中，有界干扰为 $\xi_2(t) = \begin{bmatrix} \xi_{21}(t) \\ \xi_{22}(t) \end{bmatrix}$；$1 \leq g \leq 2$。

在以下仿真中，假设 $f(z) = \begin{bmatrix} -z_1 z_3 \\ z_1 z_2 \end{bmatrix}$ 是未知非线性项。采用下面的两个 T-S 模糊

逻辑系统 FS{1} 和 FS{2} 来分别逼近 $-z_1z_3 / g$ 和 z_1z_2 / g。有限区间选取为 $W = \prod\limits_{k=1}^{3} U_k$，$U_k = [-40, 40]$，语言变量 z_1（z_2 和 z_3）的模糊取值为

$$\{\text{Negative (N)}, \text{Zero (Z)}, \text{Positive (P)}\}$$

带有 3 条规则的 FS{1}：

$$\text{If } z_1 \text{ is 'Z', Then } f_1 = 0.001$$

$$\text{If } z_1 \text{ is 'N' and } z_3 \text{ is 'N', Then } f_1 = -|z_1z_3|$$

$$\text{If } z_1 \text{ is 'P' and } z_3 \text{ is 'N', Then } f_1 = |z_1z_3|$$

带有 3 条规则的 FS{2}：

$$\text{If } z_1 \text{ is 'Z', Then } f_2 = 0.001$$

$$\text{If } z_1 \text{ is 'N' and } z_2 \text{ is 'N', Then } f_2 = |z_1z_2|$$

$$\text{If } z_1 \text{ is 'P' and } z_2 \text{ is 'N', Then } f_2 = -|z_1z_2|$$

受文献[38]的启发，隶属函数选取为：$\mu_Z(x) = e^{-x^2}$，$\mu_N(x) = e^{-(x+40)^2}$，$\mu_P(x) = e^{-(x-40)^2}$。仿真中的其他参数选为 $\delta = 50$，$\alpha = 10$，$\lambda = 0.001$，$\beta_1 = 0.002$，$\beta_2 = 0.00001$，$\beta_3 = 0.00001$。状态的初始值为 $z_1(0) = z_2(0) = z_3(0) = 1$，$y_1(0) = y_2(0) = y_3(0) = 10$，$\rho(0) = 1$，$\hat{\varepsilon}(0) = 0.8$，$\hat{L}(0) = 0.5$，$\xi_{21}(t) = 0.5\sin t$，$\xi_{22}(t) = 0.3\cos t$。图 8-1～图 8-4 给出了同步控制的仿真结果。

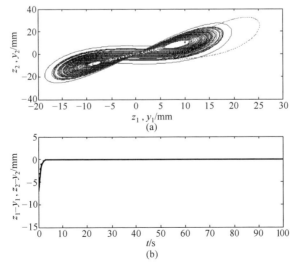

图 8-1 Lorenz 驱动系统和响应系统：z_1 与 z_2 和 y_1 与 y_2 的
相平面图，$z_1 - y_1$ 与 $z_2 - y_2$ 的同步误差

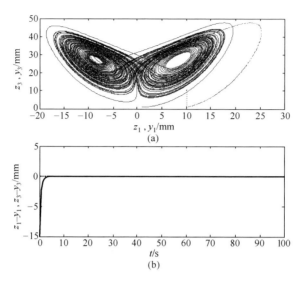

图 8-2　Lorenz 驱动系统和响应系统：z_1 与 z_3 和 y_1
与 y_3 的相平面图，$z_1 - y_1$ 与 $z_3 - y_3$ 的同步误差

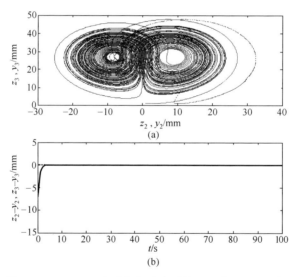

图 8-3　Lorenz 驱动系统和响应系统：z_2 与 z_3 和 y_2 与
y_3 的相平面图，$z_2 - y_2$ 与 $z_3 - y_3$ 的同步误差

　　在上面的仿真中，通过利用 6 条带有非线性后件的模糊规则得到渐近同步。因此，与通常的模糊控制方法相比较，不但在线调节的时间大大减少了，而且增加了模糊规则的语言可解释性。

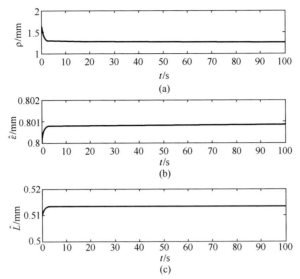

图 8-4　在初始值为 $\rho(0)=1$、$\hat{\varepsilon}(0)=0.8$ 和 $\hat{L}(0)=0.5$ 时，
参数 ρ 估计值 $\hat{\varepsilon}$ 和 $\hat{L}$ 时间响应

8.4　本 章 小 结

在本章中，通过在带有非线性后件的 T-S 模糊逻辑系统中应用一个可变参数，对混沌系统的驱动响应同步给出一个模糊自适应控制算法。在控制的整个过程中，只有三个公共的参数需要在线自动调节，这就意味着自适应律的个数大大减少了，因此在线计算的时间就大大减少了。一般来讲，带有非线性规则后件的 T-S 模糊逻辑系统不仅有较少的规则而且具有较高的逼近能力，这不仅有利于减少在线计算时间从而避免延迟现象，而且有利于利用专家的现场经验完成控制设计。另外，具有非线性后件形式的 T-S 型模糊逻辑系统具有一般的形式，且本书给出的自适应调节律的个数是和 If_Then 规则的数量无关的，在驱动响应同步控制设计中，只需要关注那些逼近能力强、规则少的模糊逻辑系统。因此，基于直接推理的方法可以用来生成带有较少规则和较高的可解释性的模糊系统。

参 考 文 献

[1]　Garciaojalvo J, Roy R. Spatiotemporal communication with synchronized optical chaos. Physical Review Letters, 2001, 86: 5204-5207.

[2]　Loria A, Panteley E, Zavala-Rio A. Adaptive observer with persistency of excitation for synchronization of chaotic systems. IEEE Transactions on Circuits and Systems, 2009, 56: 2703-2716.

[3]　Li W L, Chang K M. Robust synchronization of driver-response chaotic systems via adaptive sliding mode control. Chaos Solitons and Fractals, 2009, 39: 2086-2092.

[4]　Lu J A, Wu X Q, Han X P, et al. Adaptive feedback synchronization of a unified chaotic system. Physics Letters A, 2004, 329: 327-333.

[5]　Wang Z L, Shi X R. Adaptive Q-S synchronization of non-identical chaotic systems with unknown parameters. Nonlinear Dynamics, 2009, 59: 559-567.

[6]　Shi X R, Wang Z L. Robust chaos synchronization of four-dimensional energy resource system via adaptive feedback control. Nonlinear Dynamics, 2010, 60: 631-637.

[7]　Ma J, Li F, Huang L, et al. Complete synchronization, phase synchronization and parameters estimation in a realistic chaotic system. Communication in Nonlinear Science and Numerical Simulation, 2011, 16: 3770-3785.

[8]　Ma J, Zhang A H, Xia Y F, et al. Optimize design of adaptive synchronization controllers and parameter observers in different hyperchaotic systems. Applied Mathematics and Computation, 2010, 215: 3318-3326.

[9]　Miao Q Y, Tang Y, Lu S J, et al. Lag synchronization of a class of chaotic systems with unknown parameters. Nonlinear Dynamics, 2009, 57: 107-112.

[10]　Wang H, Han Z Z, Zhang W, et al. Chaotic synchronization and secure communication based on descriptor observer. Nonlinear Dynamics, 2009, 57: 69-73.

[11]　Wu X J, Liu J S, Chen G R. Chaos synchronization of Rikitake chaotic attractor using the passive control technique. Nonlinear Dynamics, 2008, 53: 45-53.

[12]　Almeida D I R, Alvarez J, Barajas J G. Robust synchronization of Sprott circuits using sliding mode control. Chaos Solitons and Fractals, 2006, 30: 11-18.

[13]　Etemadi S, Alasty A, Salarieh H. Synchronization of chaotic systems with parameter uncertainties via variable structure control. Physics Letters A, 2006, 357: 17-21.

[14]　Chen M, Jiang C S, Jiang B, et al. Sliding mode synchronization controller design with neural network for uncertain chaotic systems. Chaos Solitons and Fractals, 2009, 39: 1856-1863.

[15]　Lü J H, Zhang S C. Controlling Chen's chaotic attractor using backstepping design based on parameters identification. Physics Letters A, 2001, 286: 148-152.

[16]　Peng C C, Chen C L. Robust chaotic control of Lorenz system by backstepping design. Chaos Solitons and Fractals, 2008, 37: 598-608.

[17]　Park J H. Synchronization of Genesio chaotic system via backstepping approach. Chaos Solitons and Fractals, 2006, 27: 1369-1375.

[18]　Kodba S, Marhl M, Perc M. Detecting chaos from a time series. European Journal of Physics, 2005, 26: 205-215.

[19]　Perc M. Visualizing the attraction of strange attractors. European Journal of Physics, 2005, 26: 579-587.

[20] Lian K Y, Chiang T S, Chiu C S, et al. Synthesis of fuzzy model-based designs to synchronization and secure communications for chaotic systems. IEEE Transactions on Systems Man and Cybernetics-B: Cybernetics, 2001, 31: 66-83.

[21] Lian K Y, Liu P, Wu T C, et al. Chaotic control using fuzzy model-based methods. International Journal of Bifurcation and Chaos, 2002, 12: 1827-1841.

[22] Lam H K, Seneviratne L D. Chaotic synchronization using sampled-data fuzzy controller based on fuzzy-model based approach. IEEE Transactions on Circuits and Systems, 2008, 55: 883-892.

[23] Liu Y, Zhao S. T-S fuzzy model-based impulsive control for chaotic systems and its application. Mathematics and Computers in Simulation, 2014, 81: 2507-2516.

[24] Wang L X, Mendel J M. Fuzzy basis functions, universal approximation and orthogonal least squares learning. IEEE Transactions on Neural Networks, 1992, 3: 807-814.

[25] Hao Y. General SISO Takagi-Sugeno fuzzy systems with linear rule consequent are universal approximators. IEEE Transactions on Fuzzy Systems, 1998, 6: 582-587.

[26] Chen B, Liu X P, Tong S C. Adaptive fuzzy approach to control unified chaotic systems. Chaos Solitons and Fractals, 2007, 34: 1180-1187.

[27] Hwang E J, Hyun C H, Kim E, et al. Fuzzy model based adaptive synchronization of uncertain chaotic systems: Robust tracking control approach. Physics Letters A, 2009, 373: 1935-1939.

[28] Poursamad A, Markazi A H D. Adaptive fuzzy sliding-mode control for multi-input multi-output chaotic systems. Chaos Solitons and Fractals, 2009, 42: 3100-3109.

[29] Rajesh R, Kaimal M R. T-S fuzzy model with nonlinear consequence and PDC controller for a class of nonlinear control systems. Applied Soft Computing, 2007, 7: 772-782.

[30] Bikdash M. A high interpretable form of Sugeno inference systems. IEEE Transactions on Fuzzy Systems, 1999, 7: 686-696.

[31] Sprott J C. A new class of chaotic circuit. Physics Letters A, 2000, 266: 19-23.

[32] Sprott J C. Some simple chaotic flows. Physical Review E, 1994, 50: 647-650.

[33] Loria A, Panteley E, Nijmeijer H. Control of the chaotic Duffing equation with uncertainty in all parameters. IEEE Transactions on Circuits and Systems, 1997, 45: 1252-1255.

[34] Ho M C, Hung Y C, Liu Z Y, et al. Reduced-order synchronization of chaotic systems with parameters unknown. Physics Letters A, 2006, 348: 251-259.

[35] Chen S H, Lü J H. Parameters identification and synchronization of chaotic systems based upon adaptive control. Physics Letters A, 2002, 299: 353-358.

[36] Liu F, Ren Y, Shan X M, et al. A linear feedback synchronization theorem for a class of chaotic systems. Chaos Solitons and Fractals, 2002, 13: 723-730.

[37] Slotine J J E, Li W. 应用非线性控制. 程代展译. 北京: 机械工业出版社, 2006.

[38] 王立新. 模糊系统与模糊控制教程. 王迎军译. 北京: 清华大学出版社, 2003.

第9章 一类具有混沌系统的自适应状态
量化反馈镇定控制器设计

在实际工程应用中，复杂动态系统的混沌现象具有不规则和不可预测行为有时是不可取的。因此，在过去十几年中，混沌系统的稳定性问题吸引了科学与工程界的广泛关注。许多成果用状态反馈控制设计思想探讨混沌系统的稳定性[1-10]。然而，在这些已有的成果中，需要假定混沌系统状态变量是可以连续时间测量的，以便能够使测量到的状态连续值直接传递到反馈控制器中。实际上，被用作控制器构造的状态输入信号经常需要通过其他的信息处理设备在线检测，如传感器、编码器和传输工具等。正如文献[11]中指出的那样，检测装置总是引入某些不确定性因素，因此精确测量状态是不可能的。测量误差的来源之一是和只有有限多个可用的量化状态信息值有关。例如，控制器的输入信号存储器只允许数量有限的状态量化水平。特别在数字控制过程中，控制器和被控系统的连接必须通过 A/D 和 D/A 转换器，由于通过这些转换器的字节数量是有限的，有限字节表示系统的一个真的状态变量的量化导致了有限的带宽容量，因此使用通常的状态反馈控制器可以导致系统失稳。另外，量化可以导致极限环或混沌行为已经被证实，这样的结果在数字反馈系统中是常见的[11-13]。在文献[14]中，对带有数字信号处理器的系统，探讨状态和输入量化的影响。研究发现，可以描述为具有高采样率的一些连续系统对量化系数的不确定性很敏感，这就很容易导致不稳定性。由于混沌系统是特殊的非线性系统，对初始值有极强的敏感性。因此，混沌系统的状态变量的量化结果可能产生系统不稳定现象。综上所述，基于状态量化器为混沌系统设计稳定的反馈控制器是具有工程实践意义的。

在过去的十几年中，静态量化应用在线性系统的稳定设计方案中[11-13,15]。在文献[15]中，对离散时间线性系统设计了基于输出反馈控制器的对数量化器，一个简单的动态伸缩方法被使用于改善系统状态的收敛性和鲁棒性能。在文献[16]～[18]中，时变量化器也被用来对线性或非线性系统设计稳定反馈控制器，结果表明采用时变量化器要比静态量化器具有好的稳定性能。可是目前还鲜有用状态量化反馈控制方法来镇定混沌系统的研究成果。从数学模型的角度看，在混沌系统的模型中，混沌系统具有特殊的结构和表现出对参数的极其敏感性，这意味着量化过程可以使混沌系统结构发生变化和减弱反馈控制器的控制效果。基于这些原因，在本节内容中，采用一个时变量化自适应控制策略为一类混沌系统设计镇定控制器。本节所给方法与一些已有的方法相比，一个重要的优点是所考虑的时变状态量化器适用于混沌系统的特殊模型结构。本节所给设计方法适合于有限量化水平的一般量化器。

本章的主要安排如下：在 9.1 节中，给出了一些混沌系统的动态模型，并引入量化器的定义。在 9.2 节中，通过利用带有两个伸缩因子的量化器设计了控制器和自适应律，它们可以保证混沌系统在状态量化存在的情况下，实现渐近稳定性。9.3 节给出了仿真例子说明方法的有效性。最后进行了总结。

9.1　启 发 例 子

Lorenz、Chen、Lü、Yassen 等混沌系统[19-22]和 Sprott-型混沌系统[23]可以统一用如下形式的非线性微分方程表示：

$$\dot{x} = Ax + F(x) + C \qquad (9\text{-}1)$$

其中，$x = (x_1, x_2, x_3)^T$ 是状态向量，$x \in \mathbf{R}^3$；$A = (a_{ij})_{3\times3}$ 是 3 阶矩阵；$F(x) = (f_1(x), f_2(x),$ $f_3(x))^T$，这里 $f_i(x)$ 是二次可微的齐次函数，$\dfrac{\partial^2 f_i}{\partial x_j \partial x_k} = \dfrac{\partial^2 f_i}{\partial x_k \partial x_j}$ 是实常数；$C = (c_1, c_2, c_2)^T$，$c_i \ (i=1,2,3)$ 是实常数。

为了通过状态反馈控制作用使形如式（9-1）的混沌系统的状态渐近到达平衡点，考虑如下控制系统动态方程：

$$\dot{x} = Ax + F(x) + C + u \qquad (9\text{-}2)$$

其中，$u = (u_1, u_2, u_3)^T \in \mathbf{R}^3$ 是外界控制输入向量。

很明显，系统（9-2）的一个简单非线性反馈控制器为 $u = Kx - F(x) - C$，这里矩阵 K 使矩阵 $A + K$ 是 Hurwitz 稳定矩阵。因此，闭环系统为 $\dot{x} = (A+K)x$，这说明系统（9-2）通过连续控制作用得以镇定。

然而，如果由于容量和安全性限制的考虑，系统（9-2）和控制器间的信息传递需要采用状态量化测量的方法，那么带有量化状态测量的控制器将变为 $u = K\tilde{q}(x) - F(\tilde{q}(x)) - C$，这里 $\tilde{q}(x) = (q(x_1), q(x_2), q(x_3))^T$，$q(x_i)$ 代表 $x_i \ (i=1,2,3)$ 的量化值，这种控制器能否仍然使系统（9-2）得以镇定？

注 9.1　一般来说，和线性控制器相比，非线性控制器具有好的鲁棒性和全局作用效果。这里，采用非线性控制器说明由于状态量化过程的存在对系统（9-2）稳定性的影响。

由文献[16]可知，一个量化器这样定义为一个分段连续函数 $q : \mathbf{R} \rightarrow \mathbb{S}$，其中 $\mathbb{S}$ 是 $\mathbf{R}$ 的一个有限子集，并且存在常数 M 和误差界 ε 满足

$$|q(z) - z| \leqslant \varepsilon, \quad |z| \leqslant M; \quad |q(z)| > M - \varepsilon, \quad |z| > M \qquad (9-3)$$

文献[16]给出一个如下形式的量化器：

$$q(z) = \begin{cases} M, & z > (M+0.5)\varepsilon \\ -M, & z \leqslant -(M+0.5)\varepsilon \\ \left[\dfrac{z}{\varepsilon} + 0.5\right], & -(M+0.5)\varepsilon < z \leqslant (M+0.5)\varepsilon \end{cases} \qquad (9-4)$$

其中，函数$[z]$代表取整函数。

通过利用量化器（9-4）和带有状态测量的控制器$u = K\tilde{q}(x) - F(\tilde{q}(x)) - C$，分别针对表9-1中的 Lorenz、Chen、Lü、Yassen 和 Sprott-B 等混沌系统进行仿真，如图9-1～图9-5所示。这里矩阵K可以通过解如下线性矩阵不等式得到：$XA^{\mathrm{T}} + AX + Y + Y^{\mathrm{T}} < 0$，$X > 0$，这里$K = YX^{-1}$。

表 9-1   一些混沌系统的参数和方程

	$A = [a_{11}, a_{12}, a_{13}; a_{21}, a_{22}, a_{23}; a_{31}, a_{32}, a_{33}]$	$F(x)$	C
Lorenz	$[-10,10,0; 28,-1,0; 0,0,-8/3]$	$[0; -x_1 x_3; x_1 x_2]$	0
Chen	$[-35,35,0; -7,28,0; 0,0,-3]$	$[0; -x_1 x_3; x_1 x_2]$	0
Lü	$[-36,36,0; 0,20,0; 0,0,-3]$	$[0; -x_1 x_3; x_1 x_2]$	0
Yassen	$[0.4,0,0; 0,-12,0; 0,0,-5]$	$[-x_2 x_3; x_1 x_3; x_1 x_2]$	0
Sprott-B	$[0,0,0; 1,-1,0; 0,0,0]$	$[x_2 x_3; 0; -x_1 x_2]$	$[0; 0; 1]$
其他 Sprott-型	详见文献[23]		

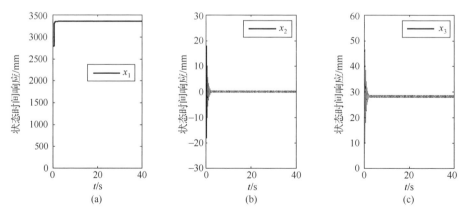

图 9-1   Lorenz 混沌系统在量化控制器（9-4）的作用下的状态响应，$M = 50$，$\varepsilon = 0.8$，增益矩阵为$K = [9.5, -19, 0; -19, 0.5, 0; 0, 0, 2.1667]$，初始值为$x(0) = (0.5,1,1)^{\mathrm{T}}$

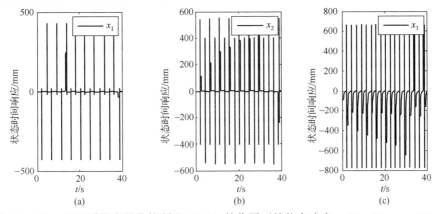

图 9-2 Chen 混沌系统在量化控制器（9-4）的作用下的状态响应，$M = 50$，$\varepsilon = 0.8$，增益矩阵为 $K = [34.5, -14, 0; -14, -28.5, 0; 0, 0, 2.5]$，初始值为 $x(0) = (0.5, 1, 1)^T$

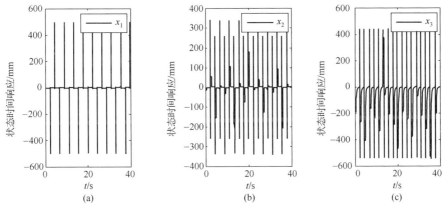

图 9-3 Lü 混沌系统在量化控制器（9-4）的作用下的状态响应，$M = 50$，$\varepsilon = 0.8$，增益矩阵为 $K = [35.5, -18, 0; -18, -20.5, 0; 0, 0, 2.5]$，初始值为 $x(0) = (0.5, 1, 1)^T$

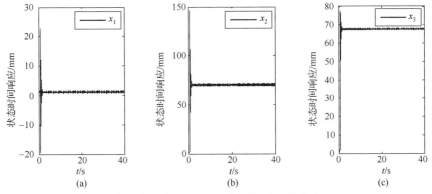

图 9-4 Yassen 混沌系统在量化控制器（9-4）的作用下的状态响应，$M = 50$，$\varepsilon = 0.8$，增益矩阵为 $K = [-0.9, 0, 0; 0, 11.5, 0; 0, 0, 4.5]$，初始值为 $x(0) = (0.5, 1, 1)^T$

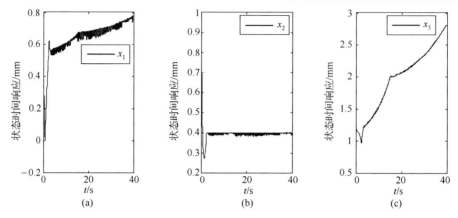

图 9-5　Sprott-B 型混沌系统在量化控制器（9-4）的作用下的状态响应，$M = 50$，$\varepsilon = 0.8$，
增益矩阵为 $K = [-0.5, -1, -0.5; -1, -0.5, -0.85; -0.5, -0.85, -0.5]$，初始值为 $x(0) = (0.5, 1, 1)^{\mathrm{T}}$

从上面的仿真结果可以看出，量化方法可以影响控制输出，这就可能导致系统（9-2）的状态在原点附近来回振荡。因此，本章以下的内容是提出一种基于量化器（9-4）的镇定控制算法。

9.2　设计量化控制器

在本节，采用式（9-4）和带有两个伸缩器的量化器（简称为 z-量化器），如图 9-6 所示。

$$z \rightarrow \boxed{\text{可变因子器 } \beta^{-1}} \rightarrow \boxed{\text{量化器}} \rightarrow \boxed{\text{可变因子器 } \beta} \xrightarrow{y}$$

图 9-6　带有两个伸缩器的量化器，一个带有参数 β^{-1} 的伸缩器放置在量化器的输入端，
另一个带有参数为 β 的伸缩器放置在量化器的输出端

伸缩器是具有缩放功能的装置。当输入为 z 时，带有伸缩参数 β^{-1}（或 β）的伸缩器的输出为 $\dfrac{z}{\beta}$（或 βz）。所以，图 9-6 中的 z-量化器的输出为 $y = \beta q\left(\dfrac{z}{\beta}\right)$。

在下面的内容中，采用能够在线改变伸缩参数 β 的量化器。主要是说明当对 $\beta = \beta(t)$ 设计合适的可调策略时，由 z-量化器构造的控制器能够使混沌系统（9-2）渐近稳定。此外，考虑到实际应用中量化噪声的存在，假设式（9-3）中的误差界 ε 是未知的。在这种假设条件下，ε 可以通过利用合适的自适应律估计其值。

考虑如下控制器：

$$u = \begin{cases} -C, & \|x\| > |\beta| M \\ \tilde{u}, & \|x\| \leqslant |\beta| M \end{cases}, \quad \tilde{u} = K\beta \tilde{q}\left(\frac{x}{\beta}\right) - F\left(\beta \tilde{q}\left(\frac{x}{\beta}\right)\right) - C \quad （9-5）$$

其中，$\beta\tilde{q}\left(\dfrac{x}{\beta}\right) = \left(\beta q\left(\dfrac{x_1}{\beta}\right), \beta q\left(\dfrac{x_2}{\beta}\right), \beta q\left(\dfrac{x_3}{\beta}\right)\right)^{\mathrm{T}}$，$\beta q\left(\dfrac{x_i}{\beta}\right)$ 是图 9-6 中 z-量化器的输出

形式，$i = 1,2,3$；$\|*\|$ 代表欧氏范数；矩阵 K 保证对一个给定的正定矩阵 Q，如下的
Lyapunov 方程有唯一的正定矩阵解 P：

$$(A + K)^{\mathrm{T}} P + P(A + K) = -Q \tag{9-6}$$

注 9.2　Lyapunov 方程（9-6）中的矩阵 K 和 P 可以通过解线性矩阵不等式得到：
$XA^{\mathrm{T}} + AX + Y + Y^{\mathrm{T}} < 0$，$X > 0$，这里 $X = P^{-1}$，$Y = KX$ 得到 $K = YX^{-1}$，$P = X^{-1}$。

令 ε 表示式（9-3）中的量化器 $q(z)$ 的误差界，$\hat{\varepsilon} = \hat{\varepsilon}(t)$ 代表 ε 的估计值，估计
误差为 $\tilde{\varepsilon} = \hat{\varepsilon} - \varepsilon$。

图 9-6 中 z-量化器中参数 β 的自适应律给定为如下形式：

$$\dfrac{\mathrm{d}\beta}{\mathrm{d}t} = \begin{cases} \dfrac{1}{2\beta M^2}[\delta + \lambda_{\max}(A^{\mathrm{T}} + A)\|x\|^2 + \sqrt{3}\max\limits_{1\leqslant i\leqslant 3}\{\lambda_{\max}[H(f_i)]\|x\|^3\}, & \|x\| > |\beta|M \\ -2\lambda_1 M \lambda_{\max}(P)\Pi\hat{\varepsilon}\,\mathrm{sign}(\beta), & \|x\| \leqslant |\beta|M \end{cases} \tag{9-7}$$

其中，$\Pi = \left\{1.5\max\limits_{1\leqslant i\leqslant 3}\{\lambda_{\max}[H(f_i)]\}\left[\beta^2 M + |\beta|\left\|\tilde{q}\left(\dfrac{x}{\beta}\right)\right\|\right] + |\beta|\cdot\|K\|\right\}$；$\lambda_1 > 0$ 和 $\delta > 0$ 是两
个设计常数。

$\hat{\varepsilon}(t)$ 的调节律为

$$\dfrac{\mathrm{d}\hat{\varepsilon}}{\mathrm{d}t} = \begin{cases} 0, & \|x\| > |\beta|M \\ 2\lambda_2 \beta^2 M \lambda_{\max}(P)\left\{1.5\max\limits_{1\leqslant i\leqslant 3}\{\lambda_{\max}[H(f_i)]\}\left[|\beta|M + \left\|\tilde{q}\left(\dfrac{x}{\beta}\right)\right\|\right] + \|K\|\right\}, & \|x\| \leqslant |\beta|M \end{cases}$$
$$\tag{9-8}$$

其中，$\lambda_2 > 0$ 是一个设计常数。

定理 9.1　控制器（9-5）和参数调节律（9-7）、（9-8）可以使得混沌系统（9-2）
渐近稳定。

证明： 定理 9.1 的证明包括下面两种情形。

情形（1）：$\|x\| > |\beta|M$。

在这种情形下，证明在有限时间内，扩展状态向量 $\mathbb{Z} = (x^{\mathrm{T}}, \beta, \hat{\varepsilon})^{\mathrm{T}}$ 可以进入紧致
集合 $D = \left\{\mathbb{Z}\,\big|\,\|x\| \leqslant |\beta|M, \mathbb{Z} \in \mathbf{R}^5\right\}$。令 $s = s(x, \beta, \tilde{\varepsilon}) = \|x\|^2 - \beta^2 M^2 + 0.5\tilde{\varepsilon}^2$，很容易证明
在条件 $\|x\| > |\beta|M$ 下，$s > 0$ 成立。

考虑定义的正定函数 $\bar{V} = \dfrac{1}{2}s^2$，利用式（9-2）、式（9-5）和式（9-8），函数 $\bar{V}$ 对
时间 t 求导可得

$$\dot{V} = s(\dot{x}^{\mathrm{T}}x + x^{\mathrm{T}}\dot{x} - 2\beta\dot{\beta}M^2 + \tilde{\varepsilon}\dot{\tilde{\varepsilon}})$$

$$= s\{x^{\mathrm{T}}(A^{\mathrm{T}} + A)x + 2x^{\mathrm{T}}F(x) - 2\beta\dot{\beta}M^2\}$$

$$\leqslant s\{\lambda_{\max}(A^{\mathrm{T}} + A)\|x\|^2 + 2\|x\|\cdot\|F(x)\| - 2\beta\dot{\beta}M^2\} \qquad (9\text{-}9)$$

由于 $f_i(x)$ 是二次可微齐次函数，因此利用欧拉定理[24]，可得 $2f_i(x) = x^{\mathrm{T}}H(f_i)x$，这里对称常数 Hessian 矩阵 $H(f_i) = \left(\dfrac{\partial^2 f_i}{\partial x_j \partial x_k}\right)_{3\times3}$，因此有 $2|f_i(x)| \leqslant \lambda_{\max}[H(f_i)]\|x\|^2$ 成立，

$\|F(x)\| = \sqrt{\displaystyle\sum_{i=1}^{3}|f_i(x)|^2} \leqslant 0.5\sqrt{3}\max\limits_{1\leqslant i\leqslant 3}\{\lambda_{\max}[H(f_i)]\}\|x\|^2$ 成立。利用式（9-7）、式（9-9）的结果，则有

$$\dot{V} \leqslant s\{\lambda_{\max}(A^{\mathrm{T}} + A)\|x\|^2 + \sqrt{3}\max\limits_{1\leqslant i\leqslant 3}\{\lambda_{\max}[H(f_i)]\}\|x\|^3 - 2\beta\dot{\beta}M^2\}$$

$$\leqslant s\{-\delta + \delta + \lambda_{\max}(A^{\mathrm{T}} + A)\|x\|^2 + \sqrt{3}\max\limits_{1\leqslant i\leqslant 3}\{\lambda_{\max}[H(f_i)]\}\|x\|^3 - 2\beta\dot{\beta}M^2\}$$

$$= -\delta s \qquad (9\text{-}10)$$

由文献[25]和式（9-10）可知，扩展状态 $\mathbb{Z} = (x^{\mathrm{T}}, \beta, \hat{\varepsilon})^{\mathrm{T}}$ 在有限时间内可以到达滑模面 $s = 0$。又因为 $\{\mathbb{Z}|s = 0\} \subseteq D$，情形（1）证明完毕。

情形（2）：$\|x\| \leqslant |\beta|M$。

注意到 $f_i(x)$ 是二次可微齐次函数，且 $2f_i(x) = x^{\mathrm{T}}H(f_i)x$，其中 $H(f_i)\ (i = 1, 2, 3)$ 是 Hessian 矩阵，因此有

$$2\left|f_i\left(\frac{x}{\beta}\right) - f_i\left(\tilde{q}\left(\frac{x}{\beta}\right)\right)\right|$$

$$= \left|\left(\frac{x}{\beta}\right)^{\mathrm{T}}H(f_i)\left(\frac{x}{\beta}\right) - \left(\tilde{q}\left(\frac{x}{\beta}\right)\right)^{\mathrm{T}}H(f_i)\left(\tilde{q}\left(\frac{x}{\beta}\right)\right)\right|$$

$$= \left|\left(\frac{x}{\beta}\right)^{\mathrm{T}}H(f_i)\left(\frac{x}{\beta}\right) - \left(\frac{x}{\beta}\right)^{\mathrm{T}}H(f_i)\left(\tilde{q}\left(\frac{x}{\beta}\right)\right)\right.$$

$$\left. + \left(\frac{x}{\beta}\right)^{\mathrm{T}}H(f_i)\left(\tilde{q}\left(\frac{x}{\beta}\right)\right) - \left(\tilde{q}\left(\frac{x}{\beta}\right)\right)^{\mathrm{T}}H(f_i)\left(\tilde{q}\left(\frac{x}{\beta}\right)\right)\right|$$

$$= \left|\left(\frac{x}{\beta}\right)^{\mathrm{T}}H(f_i)\left[\frac{x}{\beta} - \tilde{q}\left(\frac{x}{\beta}\right)\right] + \left[\left(\frac{x}{\beta}\right)^{\mathrm{T}} - \left(\tilde{q}\left(\frac{x}{\beta}\right)\right)^{\mathrm{T}}\right]H(f_i)\left(\tilde{q}\left(\frac{x}{\beta}\right)\right)\right|$$

$$\leqslant \left[\left\| \left(\frac{x}{\beta} \right)^{\mathrm{T}} H(f_i) \right\| + \left\| H(f_i) \left(\tilde{q} \left(\frac{x}{\beta} \right) \right) \right\| \right] \left\| \frac{x}{\beta} - \tilde{q} \left(\frac{x}{\beta} \right) \right\|$$

$$\leqslant \left\{ \frac{\lambda_{\max}[H(f_i)]}{|\beta|} \left[\|x\| + \left\| \tilde{q} \left(\frac{x}{\beta} \right) \right\| \right] \right\} \left\| \frac{x}{\beta} - \tilde{q} \left(\frac{x}{\beta} \right) \right\|$$

$$\leqslant \left\{ \frac{\lambda_{\max}[H(f_i)]}{|\beta|} \left[|\beta| M + \left\| \tilde{q} \left(\frac{x}{\beta} \right) \right\| \right] \right\} \left\| \left(\frac{x_1}{\beta} \quad \frac{x_2}{\beta} \quad \frac{x_3}{\beta} \right)^{\mathrm{T}} - \left(q \left(\frac{x_1}{\beta} \right) \quad q \left(\frac{x_2}{\beta} \right) \quad q \left(\frac{x_3}{\beta} \right) \right)^{\mathrm{T}} \right\|$$

$$\leqslant \frac{\sqrt{3}\lambda_{\max}[H(f_i)]}{|\beta|} \left[|\beta| M + \left\| \tilde{q} \left(\frac{x}{\beta} \right) \right\| \right] \varepsilon \tag{9-11}$$

由式（9-11），可得

$$2 \left\| F \left(\frac{x}{\beta} \right) - F \left(\tilde{q} \left(\frac{x}{\beta} \right) \right) \right\|$$

$$= 2 \left\| \left(f_1 \left(\frac{x}{\beta} \right) - f_1 \left(\tilde{q} \left(\frac{x}{\beta} \right) \right) \quad f_2 \left(\frac{x}{\beta} \right) - f_2 \left(\tilde{q} \left(\frac{x}{\beta} \right) \right) \quad f_3 \left(\frac{x}{\beta} \right) - f_3 \left(\tilde{q} \left(\frac{x}{\beta} \right) \right) \right)^{\mathrm{T}} \right\|$$

$$\leqslant 3 \max_{1 \leqslant i \leqslant 3} \{ \lambda_{\max}[H(f_i)] \} \left[M + \frac{1}{|\beta|} \left\| \tilde{q} \left(\frac{x}{\beta} \right) \right\| \right] \varepsilon$$

$$= 3 \max_{1 \leqslant i \leqslant 3} \{ \lambda_{\max}[H(f_i)] \} \left[M + \frac{1}{|\beta|} \left\| \tilde{q} \left(\frac{x}{\beta} \right) \right\| \right] (\hat{\varepsilon} - \tilde{\varepsilon}) \tag{9-12}$$

现在，考虑正定函数 $V(t) = x^{\mathrm{T}} P x + 0.5 \lambda_1^{-1} \beta^2 + 0.5 \lambda_2^{-1} \tilde{\varepsilon}^2$。利用式（9-2）、式（9-6）～
（9-8）和式（9-12），函数 $V(t)$ 对时间 t 的导数为

$$\dot{V}(t) = -x^{\mathrm{T}} Q x + 2 x^{\mathrm{T}} P \left[F(x) - F \left(\beta \tilde{q} \left(\frac{x}{\beta} \right) \right) - Kx + K \beta \tilde{q} \left(\frac{x}{\beta} \right) \right] + \lambda_1^{-1} \beta \dot{\beta} + \lambda_2^{-1} \tilde{\varepsilon} \dot{\hat{\varepsilon}}$$

$$= -x^{\mathrm{T}} Q x + 2 x^{\mathrm{T}} P \left\{ F(x) - \beta^2 F \left(\tilde{q} \left(\frac{x}{\beta} \right) \right) - \beta K \left[\frac{x}{\beta} - \tilde{q} \left(\frac{x}{\beta} \right) \right] \right\} + \lambda_1^{-1} \beta \dot{\beta} + \lambda_2^{-1} \tilde{\varepsilon} \dot{\hat{\varepsilon}}$$

$$= -x^{\mathrm{T}} Q x + 2 x^{\mathrm{T}} P \left\{ \beta^2 \left[\frac{1}{\beta^2} F(x) - F \left(\tilde{q} \left(\frac{x}{\beta} \right) \right) \right] - \beta K \left[\frac{x}{\beta} - \tilde{q} \left(\frac{x}{\beta} \right) \right] \right\} + \lambda_1^{-1} \beta \dot{\beta} + \lambda_2^{-1} \tilde{\varepsilon} \dot{\hat{\varepsilon}}$$

$$= -x^{\mathrm{T}}Qx + 2x^{\mathrm{T}}P\left\{\beta^2\left[F\left(\frac{x}{\beta}\right) - F\left(\tilde{q}\left(\frac{x}{\beta}\right)\right)\right] - \beta K\left[\frac{x}{\beta} - \tilde{q}\left(\frac{x}{\beta}\right)\right]\right\} + \lambda_1^{-1}\beta\dot{\beta} + \lambda_2^{-1}\tilde{\varepsilon}\dot{\tilde{\varepsilon}}$$

$$\leqslant -x^{\mathrm{T}}Qx + 2\lambda_{\max}(P)\|x\|\left\{\beta^2\left\|F\left(\frac{x}{\beta}\right) - F\left(\tilde{q}\left(\frac{x}{\beta}\right)\right)\right\| + |\beta|\cdot\|K\|\varepsilon\right\} + \lambda_1^{-1}\beta\dot{\beta} + \lambda_2^{-1}\tilde{\varepsilon}\dot{\tilde{\varepsilon}}$$

$$\leqslant -x^{\mathrm{T}}Qx + 2|\beta|M\lambda_{\max}(P)\left\{1.5\beta^2\max_{1\leqslant i\leqslant 3}\{\lambda_{\max}[H(f_i)]\}\left[M + \frac{1}{|\beta|}\left\|\tilde{q}\left(\frac{x}{\beta}\right)\right\|\right]\varepsilon + |\beta|\cdot\|K\|\varepsilon\right\}$$

$$+ \lambda_1^{-1}\beta\dot{\beta} + \lambda_2^{-1}\tilde{\varepsilon}\dot{\tilde{\varepsilon}}$$

$$= -x^{\mathrm{T}}Qx + 2|\beta|M\lambda_{\max}(P)\{1.5\max_{1\leqslant i\leqslant 3}\{\lambda_{\max}[H(f_i)]\}\left[\beta^2 M + |\beta|\left\|\tilde{q}\left(\frac{x}{\beta}\right)\right\| + |\beta|\cdot\|K\|\right\}$$

$$(\hat{\varepsilon} - \tilde{\varepsilon}) + \lambda_1^{-1}\beta\dot{\beta} + \lambda_2^{-1}\tilde{\varepsilon}\dot{\tilde{\varepsilon}}$$

$$= -x^{\mathrm{T}}Qx + 2|\beta|M\lambda_{\max}(P)\left\{1.5\max_{1\leqslant i\leqslant 3}\{\lambda_{\max}[H(f_i)]\}\left[\beta^2 M + |\beta|\left\|\tilde{q}\left(\frac{x}{\beta}\right)\right\| + |\beta|\cdot\|K\|\right\}\hat{\varepsilon}$$

$$+ \lambda_1^{-1}\beta\dot{\beta} + \tilde{\varepsilon}\left\{-2\beta^2 M\lambda_{\max}(P)\left\{1.5\max_{1\leqslant i\leqslant 3}\{\lambda_{\max}[H(f_i)]\}\left[|\beta|M + \left\|\tilde{q}\left(\frac{x}{\beta}\right)\right\| + \|K\|\right\} + \lambda_2^{-1}\dot{\tilde{\varepsilon}}\right\}$$

$$= -x^{\mathrm{T}}Qx \tag{9-13}$$

不等式（9-13）意味着扩展状态 $\mathbb{Z} = (x^{\mathrm{T}}, \beta, \hat{\varepsilon})^{\mathrm{T}}$ 是有界的。从式（9-2）、式（9-3）、式（9-5）、式（9-7）和式（9-8）可以很容易看出，在情形（2）的条件下，$\dot{x}(t)$ 也是有界的，由 Barbalat 引理[25]，可知 $x \stackrel{t\to+\infty}{\to} 0$；上列两种情形完成了定理 9.1 的证明。

9.3 仿 真 算 例

考虑动态方程表示为式（9-2）的 Lorenz、Chen、Lü、Yassen 和 Sprott-B 等混沌系统，系统参数如表 9-1 所示。量化器（9-4）用在下面的仿真中。状态的初始值、误差界的选取如图 9-1～图 9-5 所示。通过控制器（9-5），并结合参数调节律（9-7）、（9-8），参数取 $\delta = 0.001$，$\lambda_1 = \lambda_1 = 0.0001$，相应的仿真结果如图 9-7～图 9-11 所示。

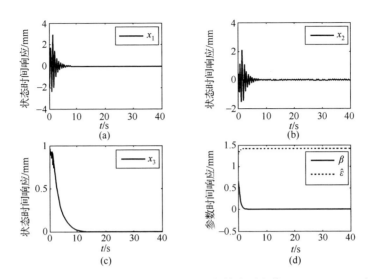

图 9-7　Lorenz 混沌系统在量化控制器（9-5）和参数自适应律（9-7）、（9-8）的作用下
的状态响应，$M=50$，$\varepsilon=0.8$，增益矩阵为 $K=[9.5,-19,0;-19,0.5,0;0,0,2.1667]$，
初始值为 $x(0)=(0.5,1,1)^{\mathrm{T}}$，$\beta(0)=1$，$\hat{\varepsilon}(0)=1$

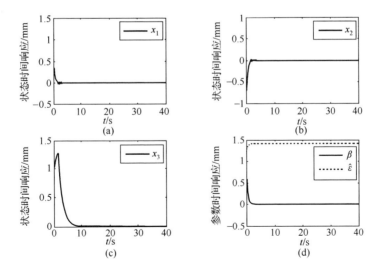

图 9-8　Chen 混沌系统在量化控制器（9-5）和参数自适应律（9-7）、（9-8）的
作用下的状态响应，$M=50$，$\varepsilon=0.8$，增益矩阵为 $K=[34.5,-14,0;-14,-28.5,0;0,0,2.5]$，
初始值为 $x(0)=(0.5,1,1)^{\mathrm{T}}$，$\beta(0)=1$，$\hat{\varepsilon}(0)=1$

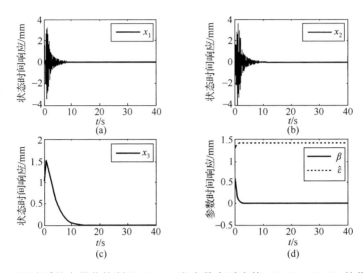

图 9-9　Lü 混沌系统在量化控制器（9-5）和参数自适应律（9-7）、（9-8）的作用下的
状态响应，$M=50$，$\varepsilon=0.8$，增益矩阵为 $K=[35.5,-18,0;-18,-20.5,0;0,0,2.5]$，
初始值为 $x(0)=(0.5,1,1)^{\mathrm{T}}$，$\beta(0)=1$，$\hat{\varepsilon}(0)=1$

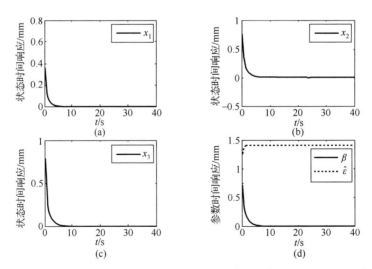

图 9-10　Yassen 混沌系统在量化控制器（9-5）和参数自适应律（9-7）、（9-8）的作用下的
状态响应，$M=50$，$\varepsilon=0.8$，增益矩阵为 $K=[-0.9,0,0;0,11.5,0;0,0,4.5]$，初始值为
$x(0)=(0.5,1,1)^{\mathrm{T}}$，$\beta(0)=1$，$\hat{\varepsilon}(0)=1$

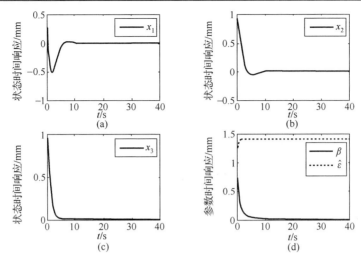

图 9-11　Sprott-B 型混沌系统在量化控制器（9-5）和参数自适应律（9-7）、（9-8）的
作用下的状态响应，$M = 50$，$\varepsilon = 0.8$，增益矩阵为 $K = [-0.5, -0.5, 0; -0.5, 0.5, 0; 0, 0, -0.5]$，
初始值为 $x(0) = (0.5, 1, 1)^{\mathrm{T}}$，$\beta(0) = 1$，$\hat{\varepsilon}(0) = 1$

从上面的仿真结果，可以看出通过结合图 9-6 中由式（9-3）定义的带有两个伸缩器的量化器和自适应律（9-7）、（9-8），量化控制器（9-5）可以使得系统（9-2）在原点渐近稳定。

9.4　本　章　小　结

本章对一类具有混沌现象的复杂动态系统讨论了带有状态量化测量的控制问题，给出一个新的系统化的过程来设计自适应量化控制器，所给方法只使用两个调节律，控制作用保证闭环系统稳定，而且保证其他参数有界。最后的仿真结果说明了所给方法的有效性。另外，在本章中没有考虑其他更多类型的混沌系统，在以后的研究中，将考虑对更一般形式的混沌系统采用量化方法设计稳定控制器。

参　考　文　献

[1] Richter H, Reinschke K J. Local control of chaotic systems:A Lyapunov approach. International Journal of Bifurcation and Chaos, 1998, 8: 1565-1573.

[2] Jiang G P, Chen G R, Tang W K S. Stabilizing unstable equilibrium points of a class of chaotic systems using a state PI regulator. IEEE Transactions on Circuits and Systems, 2002, 49 : 1820-1826.

[3] Lü J H, Lu J A. Controlling uncertain Lü system using linear feedback. Chaos Solitons and

Fractals, 2003, 17: 127-133.

[4]　Park J H, Kwon O M. LMI optimization approach to stabilization of time-delay chaotic systems. Chaos Solitons and Fractals, 2005, 23: 445-450.

[5]　Precup R E, Tomescu M L, Preitl S. Lorenz system stabilization using fuzzy controllers. International Journal of Computers Communications and Control, 2007, II: 279-287.

[6]　Lu Z, Shieh L S, Chen G R, et al. Adaptive feedback linearization control of chaotic systems via recurrent high-order neural networks. Information Science, 2006, 176: 2337-2354.

[7]　Chen F X, Chen L, Zhang W D. Stabilization of parameters perturbation chaotic system via adaptive backstepping technique. Applied Mathematics and Computation, 2008, 200: 101-109.

[8]　Yu W G. Stabilization of three-dimensional chaotic systems via single state feedback controller. Physics Letters A, 2010, 374: 1488-1492.

[9]　Pan L, Xu D Y, Zhou W N. Controlling a novel chaotic attractor using linear feedback. Journal of Information and Computing Science, 2010, 5: 117-124.

[10]　Sun W M, Wang X Y, Lei J W. Stabilization of chaotic system with uncertain parameters. Applied Mechanics and Materials, 2011, 66-68: 217-219.

[11]　Heemels W P M H, Siahaan H B, Juloski A L, et al. Control of quantized linear systems: An l_1-optimal control approach// Proceedings of American Control Conference, Denver, 2003, 4: 3502-3507.

[12]　Ushio T, Hirai K. Chaotic behavior in piecewise-linear sampled-data control systems. International Journal of Nonlinear Mechanics, 1985, 20: 493-506.

[13]　Ushio T, Hsu C. Chaotic rounding error in digital control systems. IEEE Transactions on Circuits and Systems, 2003, 34: 133-139.

[14]　Masten M K, Panahi I. Digital signal processors for modern control systems. Control Engineering Practice, 1997, 5: 449-458.

[15]　Fu M Y, Xie L H. Finite-level quantized feedback control for linear systems. IEEE Transactions on Automatic Control, 2009, 54: 1165-1170.

[16]　Brockett R W, Liberzon D. Quantized feedback stabilization of linear systems. IEEE Transactions on Automatic Control, 2000, 45: 1279-1289.

[17]　Liberzon D. Hybird feedback stabilization systems with quantized signals. Automatica, 2003, 39: 1543-1554.

[18]　Liberzon D, Nesic D. Input-to-state stabilization of linear systems with quantized state measurements. IEEE Transactions on Automatic Control, 2007, 52: 767-781.

[19]　Sparrow C. The Lorenz Equations: Bifurcations, Chaos, and Strange Attractors. New York: Springer, 1982.

[20]　Chen G R, Ueta T. Yet another chaotic attractor. International Journal of Bifurcations and Chaos,

1999, 9: 1465-1466.

[21] Lü J H. A new chaotic attractor coined. International Journal of Bifurcations and Chaos, 2002, 12: 659-661.

[22] Yassen M T. Controlling chaos and synchronization for new chaotic system using linear feedback control. Chaos Solitons and Fractals, 2005, 26: 913-920.

[23] Sprott J C. A new class of chaotic circuit. Physics Letters A, 2000, 266: 19-23.

[24] Charnes A, Cooper W W, Schinnar A P. A theorem on homogeneous functions and extended Cobb-Douglas forms// The Proceedings of the National Academy of Sciences of the United States of America, 1976, 73: 3747-3748.

[25] Slotine J J E, Li W P. Applied Nonlinear Control. Englewood Cliffs: Prentice Hall, 1991.

第10章　Lur'e 混沌系统的自适应状态
量化同步控制器设计

由于混沌系统或动态网络系统应用在许多工程领域[1,2]，因此这些系统的同步控制问题已经成了一个非常有趣的话题。众所周知，许多类型的非线性系统，如 Chua's 电路系统[3]、耦合 Chua's 电路系统[4]、n 卷轴电路系统[5]和其他混合混沌吸引子系统都可以用 Lur'e 系统来表示，这些系统中的非线性项都满足各自的界限制[6]。因此，关于 Lur'e 系统的响应驱动系统的同步控制成了一个热门话题。目前，关于 Lur'e 系统的驱动响应同步控制的控制器设计出现了多种不同方法，如动态反馈控制[7]、静态反馈控制[8]、PD 控制设计方法[9]、比例微分控制[10]、脉冲控制[11,12]和带有时滞的反馈控制[13]。

在许多实际系统中，混沌系统中的状态需要连续时间的测量，由此使得测量状态向量直接进入到反馈控制器中。而实际上，工程中的许多系统中的状态通常需要经过加载特殊的信息过程处理器才能进入到控制器中，如编码器、传感器和传输器。然而，这些装置的引入通常会导致信号的一定的不精确性[14]。值得考虑的是，系统之间的测量和控制器之间的信息传输渠道会影响到同步误差[15,16]，因此测量误差和状态量化的量化信息是有关系的，例如，控制器的输入信号可以通过使用一个有限的状态量化水平的数目获得。此外，控制器和混沌系统之间信息的互联可以通过控制器中的转换器 A/D 和 D/A 来实现。我们知道，这些转换器中字节的数量是有限的，混沌系统的实际状态变量的有限域长度或量化显示了有限的带宽通信渠道，因此，量化控制器可能会产生同步控制的非理想情况。为克服这些问题，在文献[17]中，信号处理器的系统被用作状态和输入量化的设计方法。混沌系统是一类特殊的非线性系统，这种系统具有对初始值特别敏感的特点。因此，Lur'e 系统的同步误差变化的量化可能会产生不稳定情况，基于此，如何设计带有量化状态的控制器来解决同步控制是很有必要的。

最近几年，静态量化器被用作线性系统的稳定控制器设计中[18]。文献[19]和[20]中利用采样控制器来实现驱动响应混沌系统的同步[21]。在文献[22]中，采用量化采样测量，给出 Lur'e 混沌系统的指数渐近同步的充分条件。然而，这些已有文献中的控制器设计方法是同步的，实现条件具有较大保守性。如果从数学模型的角度看，Lur'e 混沌系统拥有特殊的结构和参数的敏感性，这可以导致量化过程产生结构变化和同步控制器的控制缺陷。对于同步问题，本书采用自适应量化控制技术控制驱动响应 Lur'e 混沌系统的同步方案。这种控制方法和其他控制方法相比的优点是带有时变参数的同步误差量化思想，因此，设计方案适合于更一般的有限量化水平的量化器。

10.1　问　题　描　述

在本节中，考虑如下形式的驱动-响应系统。

驱动系统：

$$\dot{x} = Ax + Bf(Dx) \tag{10-1}$$

响应系统：

$$\dot{y} = Ay + Bf(Dy) + u \tag{10-2}$$

其中，$x \in \mathbf{R}^n$ 和 $y \in \mathbf{R}^n$ 分别代表驱动系统与响应系统的状态；$A \in \mathbf{R}^{n \times n}$，$B \in \mathbf{R}^{n \times m}$ 是两个已知矩阵；$f = f(\overline{x}) \in \mathbf{R}^m = \mathrm{diag}(f_1(\overline{x}), f_2(\overline{x}), \cdots, f_m(\overline{x}))$ 代表对角非线性函数且 $f_i(\overline{x})$（$i = 1, 2, \cdots, m$）属于区间 $[0, \gamma]$；$u \in \mathbf{R}^n$ 代表控制输入。

令驱动系统与响应系统之间的误差 $e(t) = x(t) - y(t)$，则可得如下误差动态系统：

$$\dot{e} = Ae + Bg(De, y) - u \tag{10-3}$$

其中，$g(De, y) = f(De + Dy) - f(Dy)$。

假设 10.1　非线性项 $g(De, y)$ 属于区间 $[0, \gamma]$，即对每一个 e 和 y 满足以下条件 $d_i^{\mathrm{T}} e \neq 0$（$i = 1, 2, \cdots, m$），$g_i(d_i^{\mathrm{T}} e, y) = f_i(d_i^{\mathrm{T}} e + d_i^{\mathrm{T}} y) - f_i(d_i^{\mathrm{T}} y)$，等同于

$$0 \leqslant \frac{g_i(d_i^{\mathrm{T}} e, y)}{d_i^{\mathrm{T}} e} \leqslant \gamma \tag{10-4}$$

其中，d_i^{T} 代表 D 中的第 i 个行向量。

本节的主要控制目的是设计控制器 u 使得同步误差满足 $\lim\limits_{t \to \infty} e(t) = 0$。在许多工程实际应用中，由于系统（10-3）和控制器之间的信号传输受容量和安全的限制，且控制器的输入信号存储器只允许数量有限的状态量化水平，因此在控制器的设计过程中，需要考虑使用量化状态的设计方法。

一个量化控制器可以定义为一个分段函数 $q : \mathbf{R} \to \mathbb{S}$，其中 $\mathbb{S}$ 是 $\mathbf{R}$ 上的一个有限子集。假设存在一个界 M 和一个误差界 ε 使得下面的条件满足[23]：

$$|q(e) - e| \leqslant \varepsilon, \quad |e| \leqslant M; \qquad |q(e)| > M - \varepsilon, \quad |e| > M \tag{10-5}$$

一个专用量化器可以由如下的函数来表示：

$$q(e) = \begin{cases} M, & e > (M+0.5)\varepsilon \\ -M, & e \leqslant -(M+0.5)\varepsilon \\ \left[\dfrac{e}{\varepsilon} + 0.5\right], & -(M+0.5)\varepsilon < e \leqslant (M+0.5)\varepsilon \end{cases} \tag{10-6}$$

其中，$[e]$ 代表取整函数。

现在，在式（10-6）中引入一个非零时变参数 $\rho = \rho(t)$ 可得如下结果：

$$\tilde{q}\left(\frac{e}{\rho}\right) = \begin{cases} M, & \dfrac{e}{\rho} > (M+0.5)\varepsilon \\ -M, & \dfrac{e}{\rho} \leqslant -(M+0.5)\varepsilon \\ \left[\dfrac{e/\rho}{\varepsilon} + 0.5\right], & -(M+0.5)\varepsilon < \dfrac{e}{\rho} \leqslant (M+0.5)\varepsilon \end{cases} \tag{10-7}$$

在本节中，令 ε 代表式（10-6）中的量化信号与原信号之间的误差，$\hat{\varepsilon} = \hat{\varepsilon}(t)$ 代表误差 ε 的估计值，估计误差定义为 $\tilde{\varepsilon} = \hat{\varepsilon} - \varepsilon$。

由误差系统（10-3）和自适应参数组成的扩展系统为

$$\dot{e} = Ae + Bg(De, \hat{x}) - u \tag{10-8}$$

$$\dot{\rho} = \pi(e, \rho, \hat{\varepsilon}) \tag{10-9}$$

$$\dot{\hat{\varepsilon}} = \Psi(e, \rho, \hat{\varepsilon}) \tag{10-10}$$

其中，扩展系统的状态向量为 $z = (e^{\mathrm{T}}, \rho, \hat{\varepsilon})^{\mathrm{T}}$；函数 $\pi(*)$ 代表参数 ρ 的自适应律；$\Psi(*)$ 代表估计误差 ε 的自适应律。控制器 $u = u(e, \rho)$ 的设计是根据如下控制目标来设计的。

控制目标：设计控制器 u，自适应律（10-9）、（10-10）使得状态向量 $z = (e^{\mathrm{T}}, \rho, \hat{\varepsilon})^{\mathrm{T}}$ 有界和误差信号 $e(t) = x(t) - y(t)$ 渐近趋于零。

10.2　量化自适应控制器设计

本节中，根据控制目标，采用如下所示的自适应量化控制器（10-11）～（10-13），使得驱动响应系统的同步误差趋于零。

$$u = \begin{cases} 0, & \|e\| > |\rho|M \\ -K\tilde{q}\left(\dfrac{e}{\rho}\right) + \gamma BD\tilde{q}\left(\dfrac{e}{\rho}\right), & \|e\| \leqslant |\rho|M \end{cases} \tag{10-11}$$

自适应律设计为

$$\dot{\rho} = \begin{cases} \dfrac{1}{2\rho M^2}\{\delta + [\lambda_{\max}(A^T + A) + 2\gamma\|B\|\cdot\|D\|]\|e\|^2\}, & \|e\| > |\rho|M \\ -2\sigma_1(\|PK\| + 2\gamma\|PB\|\cdot\|D\|)|\rho|M^2 - \varpi, & \|e\| \leqslant |\rho|M \end{cases} \quad（10\text{-}12）$$

其中，$\varpi = 2\gamma\sigma_1\left[\|PB\|\cdot\|D\|\left(\|\tilde{q}(e)\| + \left\|\tilde{q}\left(\dfrac{e}{\rho}\right)\right\|\right) + \left(\|PK\|\cdot\left\|\tilde{q}\left(\dfrac{e}{\rho}\right)\right\| + \|PB\|\cdot\|D\|\right)\right]M\widehat{\text{sign}}(\rho)$。

$$\dot{\hat{\varepsilon}} = \begin{cases} 0, & \|e\| > |\rho|M \\ 2\gamma\sigma_2\|PB\|\cdot\|D\|\cdot|\rho|M, & \|e\| \leqslant |\rho|M \end{cases} \quad（10\text{-}13）$$

符号 $\widehat{\text{sign}}(\rho) = \begin{cases} 1, & \rho > 0 \\ -1, & \rho \leqslant 0 \end{cases}$，式（10-11）中矩阵 K 的选取是根据式（10-14）来确定的，即对任意给定的一个正定矩阵 Q，下面 Lyapunov 有唯一的正定矩阵解 P：

$$(A + K)^T P + P(A + K) = -Q \quad（10\text{-}14）$$

注 10.1　Lyapunov 方程（10-14）中的矩阵 K 和 P 可以通过解线性矩阵不等式 $XA^T + AX + Y + Y^T < 0$ 来求得，$X > 0$，其中 $X = P^{-1}$，$Y = KX$。

定理 10.1　如果假设 10.1 成立，且存在正常数 λ、σ_1 和 σ_2，响应系统（10-2）在控制器（10-11）～（10-13）的作用下可以和驱动系统（10-1）实现同步。

证明：考虑以下两种情形。

情形（1）：$\|e\| > |\rho|M$。

定义滑模面 $s = s(e, \rho, \tilde{\varepsilon}) = \|e\|^2 - \rho^2 M^2 + 0.5\tilde{\varepsilon}^2$，由条件可知 $s > 0$ 成立，采用开环控制，选定正定函数 $\bar{V} = \dfrac{1}{2}s^2$，则函数 $\bar{V}$ 沿系统（10-3）的时间导数为

$$\begin{aligned}\dot{\bar{V}} &= s\dot{s} = s(2e^T\dot{e} - 2M^2\rho\dot{\rho} + \varepsilon\dot{\hat{\varepsilon}}) \\ &= s[e^T(A^T + A)e + 2e^T Bg(De, y) - 2M^2\rho\dot{\rho} + \varepsilon\dot{\hat{\varepsilon}}] \\ &\leqslant s[\lambda_{\max}(A^T + A)\|e\|^2 + 2\|e\|\cdot\|B\|\cdot\|g(De, y)\| - 2M^2\rho\dot{\rho} + \varepsilon\dot{\hat{\varepsilon}}] \\ &\leqslant s[\lambda_{\max}(A^T + A)\|e\|^2 + 2\gamma\|B\|\cdot\|D\|\cdot\|e\|^2 - 2M^2\rho\dot{\rho} + \varepsilon\dot{\hat{\varepsilon}}] \\ &= -\delta s \end{aligned} \quad（10\text{-}15）$$

由文献[24]和式（10-15）可知，扩展状态向量 $z = (e^T, \rho, \hat{\varepsilon})^T$ 在有限时间内可以到达滑模面 $s = 0$。

情形（2）：$\|e\| \leqslant |\rho|M$。

选定如下 Lyapunov 函数：

$$V = e^{\mathrm{T}} P e + \frac{1}{2\sigma_1} \rho^2 + \frac{1}{2\sigma_2} \tilde{\varepsilon}^2 \qquad (10\text{-}16)$$

则函数 $V(t)$ 沿系统（10-3）的导数为

$$\dot{V} = 2e^{\mathrm{T}} P[Ae + Ke - Ke + Bg(De, y) - u] + \sigma_1^{-1} \rho \dot{\rho} + \sigma_2^{-1} \tilde{\varepsilon} \dot{\hat{\varepsilon}}$$

$$= -e^{\mathrm{T}} Q e + 2e^{\mathrm{T}} P \left[-Ke + K\tilde{q}\left(\frac{e}{\rho}\right) \right] + 2e^{\mathrm{T}} P \left[Bg(De, y) - \gamma BD\tilde{q}\left(\frac{e}{\rho}\right) \right] + \sigma_1^{-1} \rho \dot{\rho} + \sigma_2^{-1} \tilde{\varepsilon} \dot{\hat{\varepsilon}}$$

$$\leqslant -e^{\mathrm{T}} Q e + 2e^{\mathrm{T}} P \left[-Ke + K\tilde{q}\left(\frac{e}{\rho}\right) \right] + 2e^{\mathrm{T}} PB[g(De, y) - \gamma De] + 2e^{\mathrm{T}} PB[\gamma De - \gamma Dq(e)]$$

$$+ 2e^{\mathrm{T}} PB \left[\gamma Dq(e) - \gamma D\tilde{q}\left(\frac{e}{\rho}\right) \right] + \sigma_1^{-1} \rho \dot{\rho} + \sigma_2^{-1} \tilde{\varepsilon} \dot{\hat{\varepsilon}}$$

$$\leqslant -e^{\mathrm{T}} Q e + 2\gamma e^{\mathrm{T}} PBDq(e) - 2e^{\mathrm{T}} PKe + (2e^{\mathrm{T}} PK - 2\gamma e^{\mathrm{T}} PBD)\tilde{q}\left(\frac{e}{\rho}\right)$$

$$+ 2e^{\mathrm{T}} PB[g(De, y) - \gamma De] + 2\gamma e^{\mathrm{T}} PBD[e - q(e)] + \sigma_1^{-1} \rho \dot{\rho} + \sigma_2^{-1} \tilde{\varepsilon} \dot{\hat{\varepsilon}}$$

$$\leqslant -e^{\mathrm{T}} Q e + 2\gamma \|e\| \cdot \|PB\| \cdot \|D\| \cdot \|q(e)\| + 2\|PK\| \cdot \|e\|^2 + 2\gamma \|e\| \cdot \|PB\| \cdot \|D\| \cdot \left\| \tilde{q}\left(\frac{e}{\rho}\right) \right\|$$

$$+ 2\|e\| \cdot \|PK\| \cdot \left\| \tilde{q}\left(\frac{e}{\rho}\right) \right\| + 4\gamma \|PB\| \cdot \|D\| \cdot \|e\|^2 + 2\gamma \|e\| \cdot \|PB\| \cdot \|D\| \varepsilon + \sigma_1^{-1} \rho \dot{\rho} + \sigma_2^{-1} \tilde{\varepsilon} \dot{\hat{\varepsilon}}$$

$$\leqslant -e^{\mathrm{T}} Q e + 2\gamma \|PB\| \cdot \|D\| \cdot \|q(e)\| \cdot |\rho| M + 2\|PK\| \rho^2 M^2 + 2\gamma \|PB\| \cdot \|D\| \cdot \left\| \tilde{q}\left(\frac{e}{\rho}\right) \right\| \cdot |\rho| M$$

$$+ 2\|PK\| \cdot \left\| \tilde{q}\left(\frac{e}{\rho}\right) \right\| \cdot |\rho| M + 4\gamma \|PB\| \cdot \|D\| \rho^2 M^2 + 2\gamma \|PB\| \cdot \|D\| \cdot |\rho| M \varepsilon + \sigma_1^{-1} \rho \dot{\rho} + \sigma_2^{-1} \tilde{\varepsilon} \dot{\hat{\varepsilon}}$$

$$= -e^{\mathrm{T}} Q e + 2\gamma \|PB\| \cdot \|D\| \cdot \|q(e)\| \cdot |\rho| M + 2\|PK\| \rho^2 M^2 + 2\gamma \|PB\| \cdot \|D\| \cdot \left\| \tilde{q}\left(\frac{e}{\rho}\right) \right\| \cdot |\rho| M$$

$$+ 2\|PK\| \cdot \left\| \tilde{q}\left(\frac{e}{\rho}\right) \right\| \cdot |\rho| M + 4\gamma \|PB\| \cdot \|D\| \rho^2 M^2 + 2\gamma \|PB\| \cdot \|D\| \cdot |\rho| M \hat{\varepsilon} + \sigma_1^{-1} \rho \dot{\rho}$$

$$+ \sigma_2^{-1} \tilde{\varepsilon} \dot{\hat{\varepsilon}} - 2\gamma \|PB\| \cdot \|D\| \cdot |\rho| M \tilde{\varepsilon}$$

$$= -x^{\mathrm{T}} Q x \qquad (10\text{-}17)$$

由 Barbalat 引理[24]可知不等式（10-17）意味着扩展状态 $z = (e^{\mathrm{T}}, \rho, \hat{\varepsilon})^{\mathrm{T}}$ 是有界的，且满足 $e(t) \overset{t \to +\infty}{\to} 0$。定理 10.1 证毕。

10.3　仿　真　算　例

在本节中，通过以下仿真实例说明所设计的自适应量化控制器的有效性。

考虑 Chua's 电路系统的驱动响应同步问题。

驱动 Chua's 电路系统为

$$\begin{cases} \dot{x}_1(t) = -am_1 x_1(t) + ax_2(t) - a(m_0 - m_1)f(x_1(t)) \\ \dot{x}_2(t) = x_1(t) - x_2(t) + x_3(t) \\ \dot{x}_3(t) = -bx_2(t) \end{cases} \qquad (10\text{-}18)$$

响应系统为

$$\begin{cases} \dot{y}_1(t) = -am_1 y_1(t) + ay_2(t) - a(m_0 - m_1)f(y_1(t)) + u_1(t) \\ \dot{y}_2(t) = y_1(t) - y_2(t) + y_3(t) + u_2(t) \\ \dot{y}_3(t) = -by_2(t) + u_3(t) \end{cases} \qquad (10\text{-}19)$$

其中，系统中的参数为 $a = 9$，$b = 14.286$，$c = 1$，$m_0 = -1/7$，$m_1 = 2/7$；非线性函数分别为 $f(x_1(t)) = \dfrac{1}{2}(|x_1(t) + c| - |x_1(t) - c|)$，$f(y_1(t)) = \dfrac{1}{2}(|y_1(t) + c| - |y_1(t) - c|)$。

Chua's 电路系统（10-18）可以表示为非线性系统（10-1）的形式，其中

$$A = \begin{bmatrix} -am_1 & a & 0 \\ 1 & -1 & 1 \\ 0 & -b & 0 \end{bmatrix}, \quad B = \begin{bmatrix} -a(m_0 - m_1) \\ 0 \\ 0 \end{bmatrix}, \quad C = D = \begin{bmatrix} 1 & 0 & 0 \end{bmatrix}。$$很容易证明非线性函数

$f(x_1(t))$ 满足条件（10-4），其中 $\gamma = 1$。驱动系统与响应系统的初始状态分别选取为 $x(0) = (0.1, 0.1, 0.1)^{\mathrm{T}}$，$y(0) = (-1, -1, -1)^{\mathrm{T}}$。图 10-1 和图 10-2 分别给出了驱动系统与响应系统的仿真结果，在没有控制器的作用下，其同步误差如图 10-3 所示。

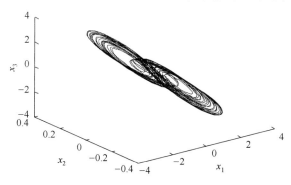

图 10-1　驱动 Chua's 电路系统（10-18）的响应

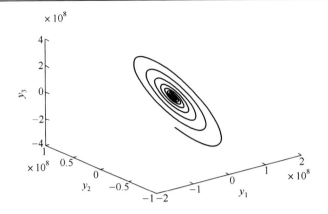

图 10-2　无控制作用下的响应系统（10-19）的响应

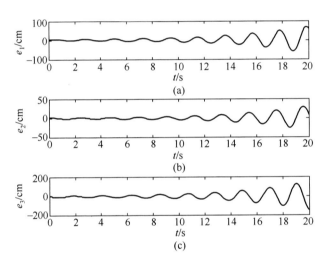

图 10-3　无控制作用下的驱动系统（10-18）和
响应系统（10-19）的同步误差

从图 10-1～图 10-3 可以看出，在开环情况下，驱动响应系统的误差很大。因此考虑本节中定理 10.1 中的自适应量化控制器，且自适应律的初始值选为 $\rho(0)=1$，$\hat{\varepsilon}(0)=0.8$，控制器中的参数选取为 $M=5$，$\delta=20$，$\sigma_1=0.1$，$\sigma_2=0.007$，则驱动响应系统的同步误差时间响应仿真结果如图 10-4 所示。

从上面的仿真结果可以看出，自适应量化控制器（10-11）～（10-13）可以保证驱动响应系统的同步误差趋于零，且控制器中的其他自适应参数是有界的。从图 10-4 和图 10-5 可以看出，同步误差在 $t=2\,\text{s}$ 时可以实现同步，而文献[19]中的控制方法需在 $t=15\,\text{s}$ 时才能实现同步，由此可知，本节所给的方法具有同步时间响应快的优点。

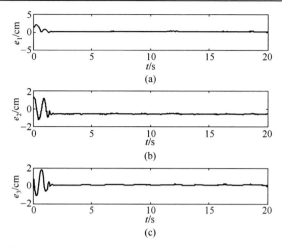

图 10-4　驱动系统（10-18）和响应系统（10-19）在控制器（10-11）～（10-13）
作用下的同步误差时间响应

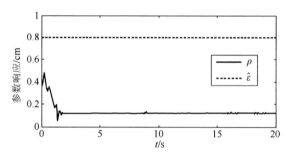

图 10-5　控制器（10-11）～（10-13）中的参数自适应律的时间响应

10.4　本 章 小 结

本章设计了驱动响应系统的自适应量化控制器，该控制器中有两个自适应律可以保证驱动响应混沌系统的同步误差快速趋于零，达到同步的目的。

参 考 文 献

[1] Pikovsky A, Rosenblum M, Kurths J. Synchronization: A Universal Concept in Nonlinear Sciences. New York: Cambridge University Press, 2003.

[2] Meng M, Feng J, Hou Z. Synchronization of interconnected multi-valued logical networks. Asian Journal of Control, 2014, 16:1659-1669.

[3] Chua L O, Komuro M, Matsumoto T. The double scroll family. IEEE Transactions on Circuits

and Systems, 1986, 33: 1072-1118.

[4]　Kapitaniak T, Chua L O. Hyperchaotic attractors of unidirectionally coupled Chua's circuits. International Journal of Bifurcation and Chaos, 2011, 4: 477-482.

[5]　Suykens J A K, Huang A, Chua L O. A family of n-scroll attractors from a generalized Chua's circuit. Scandinavian Journal of Surgery,1997, 51: 125-128.

[6]　Malkin I G. On the theory of stability of control systems. Prikladnaya Matamatika I Mekhanika, 1951:15.

[7]　Suykens J A K, Curran P F, Chua L O. Master-slave synchronization using dynamic output feedback. International Journal of Bifurcation and Chaos, 1997, 7: 671-679.

[8]　Yalcin M E, Suykens J A K, Vandewalle J. Master-slave synchronization of Lur'e systems with time-delay. International Journal of Bifurcation and Chaos, 2001, 11: 1707-1722.

[9]　Guo H M, Zhong S M, Gao F Y. Design of PD controller for master-slave synchronization of Lur'e systems with time-delay. Applied Mathematics and Computation, 2009, 212 : 86-93.

[10]　Yin C, Zhong S M, Chen W F. Design PD controller for master-slave synchronization of chaotic Lur'e systems with sector and slope restricted nonlinearities. Communications in Nonlinear Science Numerical Simulation, 2011, 16: 1632-1639.

[11]　Lu J G, Hill D J. Impulsive synchronization of chaotic Lur'e systems by linear static measurement feedback: An LMI approach. IEEE Transactions on Circuits and Systems, 2007, 54: 710-714.

[12]　Chen W H, Lu X, Chen F. Impulsive synchronization of chaotic Lur'e systems via partial states. Physics Letter A, 2008, 372: 4210-4216.

[13]　Heemels W P M H, Siahaan H B, Juloski A L, et al. Control of quantized linear systems: An l_1-optimal control approach// Proceedings of American Control Conference, Denver, 2003, 4: 3502-3507.

[14]　Ge C, Hua C C, Guan X P. Master-slave synchronization criteria of Lur'e systems with time-delay feedback control. Applied Mathematics and Computation, 2014, 244: 895-902.

[15]　Barajas-Ramirez J G, Chen G, Shieh L S. Fuzzy chaos synchronization via sampled driving signals. International Journal of Bifurcation and Chaos, 2004, 14: 2721-2733.

[16]　Lu J G, Hill D J. Global asymptotical synchronization of chaotic Lur'e systems using sampled data: A linear matrix inequality approach. IEEE Transactions on Circuits and Systems, 2008, 55: 586-590.

[17]　Masten M K, Panahi I. Digital signal processors for modern control systems. Control Engineering Practice, 1997, 5: 449-458.

[18]　Ushio T, Hsu C S. Chaotic rounding error in digital control systems. IEEE Transactions on Circuits and Systems, 2003, 34: 133-139.

[19] Zhu X L, Wang Y, Yang H Y. New globally asymptotical synchronization of chaotic Lur'e systems using sampled data// American Control Conference, Baltimore, 2010, 32:1817-1822.

[20] Chen W H, Wang Z, Lu X. On sampled-data control for master-slave synchronization of chaotic Lur'e systems. IEEE Transactions on Circuits and Systems, 2013, 59: 515-519.

[21] Wu Z, Shi P, Su H, et al. Sampled-data synchronization of Chaotic Lur'e systems with time delays. IEEE Transactions on Neural Networks and Learning Systems, 2013, 24: 410-420.

[22] Xiao X, Zhou L, Zhang Z. Synchronization of chaotic Lur'e systems with quantized sampled-data controller. Communications in Nonlinear Science and Numerical Simulation, 2014, 19: 2039-2047.

[23] Liberzon D. Hybird feedback stabilization systems with quantized signals. Automatica, 2003, 39: 1543-1554.

[24] Slotine J J E, Li W P. Applied Nonlinear Control. Englewood Cliffs: Prentice Hall, 1991.

第11章 一类混沌系统的输入状态稳定控制器设计

混沌现象广泛存在于许多实际工程系统中[1]。近十年来，如何控制或利用混沌现象已经成为非线性系统研究的一个热点[2]。有关混沌控制的各种方法近年来大量涌现，并取得了较大进展。由于混沌系统对系统的初始值具有较强的敏感性[3]，因此如何控制混沌系统的平衡点的稳定性是一个值得研究的问题。混沌系统可看作非线性系统的一种特例，对混沌系统控制也可借鉴非线性系统的控制方法去研究。当考虑非线性系统的全局性质时，系统的输入-输出稳定优于系统的 Lyapunov 稳定，所以系统的有界输入-有界输出和系统的输入-状态稳定（input-to-state stability，ISS）十分相似[4,5]。近几年来，有关非线性系统输入-状态稳定的研究受到了众多学者的青睐，并涌现出大量的科研成果[6-11]。这些成果为具有混沌现象的非线性系统稳定性研究提供了新的思路与方法。

由于 ISS 系统本身具有一个特征，即当不考虑系统的初始状态时，只要输入量小，那么系统的状态最终必定是小的[4]；根据这一特征，得出 ISS 系统是全局渐近稳定的结论。如果采用 ISS 系统的控制器设计思想，对混沌系统的平衡点设计使其稳定的控制器，则混沌系统的平衡点镇定问题就不会因为初始值的敏感而影响控制器的设计。

鉴于以上分析 ISS 系统的优点，本书采用 ISS 控制器设计方法，对一类混沌系统的平衡点全局稳定性问题，基于输入-状态稳定和小增益定理，提出一种简单的反馈自适应控制器设计方法。

11.1 预备知识与问题描述

对于如下形式的非线性动力系统：

$$\dot{x} = g(x,u) \tag{11-1}$$

其中，$x \in \mathbf{R}^n$ 为系统的状态变量；$u \in \mathbf{R}^m$ 为控制输入，且 $u:[0,\infty) \to \mathbf{R}^m$ 为分段连续有界函数，其范数为 $\|u(\cdot)\|_{\infty} = \sup\limits_{t \geqslant 0}\|u(t)\|$，符号 L_{∞}^m 表示所有满足该条件的函数 u 的集合。$g(0,0) = 0$，在论域 $\mathbf{R}^n \times \mathbf{R}^m$ 上，$g(x,u)$ 满足局部 Lipschitz 条件。

下面给出本章中用到的一些主要定义和定理。

定义 11.1[12]　如果存在 KL 类函数 $\beta(\cdot,\cdot)$ 和 K 类函数 $\gamma(\cdot)$，使得对任一输入 $u(\cdot) \in L_{\infty}^m$ 和任一初始值 $x^0 \in \mathbf{R}^n$，式（11-1）满足初始值条件 $x(0) = x^0$ 的解 $x(t)$（$t > 0$）

满足

$$\|x(t)\| \leqslant \max\left\{\beta(\|x^0\|,t), \gamma(\|u(\cdot)\|_\infty)\right\} \tag{11-2}$$

则式（11-1）是输入状态稳定的，函数 $\gamma(\cdot)$ 称为增益函数。

定义 11.2[12]　对于系统 $\dot{x} = g(x,u)$，函数 $V(\cdot) \in C^1$，$x \in \mathbf{R}^n$，如果存在 K_∞ 类函数 $\underline{\alpha}(\cdot)$、$\bar{\alpha}(\cdot)$、$\alpha(\cdot)$ 和 K 类函数 $\chi(\cdot)$，使得如下不等式成立：

$$\underline{\alpha}(\|x\|) \leqslant V(x) \leqslant \bar{\alpha}(\|x\|) \tag{11-3}$$

$$\|x\| \geqslant \chi(\|u\|) \Rightarrow \frac{\partial V}{\partial x}g(x,u) \leqslant -\alpha(\|x\|) \tag{11-4}$$

称 $V(\cdot)$ 为式（11-1）的一个 ISS-Lyapunov 函数。

定理 11.1[12]　式（11-1）是 ISS 稳定的充要条件是：存在 K 类函数 $\gamma_0(\cdot)$ 和 $\gamma(\cdot)$，使得对任一输入 $u(\cdot) \in L_\infty^m$ 和任一初值 $x^0 \in \mathbf{R}^n$，式（11-1）满足初始条件 $x(0) = x^0$ 的解 $x(t)$ 满足

$$\|x(\cdot)\|_\infty \leqslant \max\left\{\gamma_0(\|x^0\|), \gamma(\|u(\cdot)\|_\infty)\right\}, \quad \limsup_{t\to\infty}\|x(t)\| \leqslant \gamma\left(\limsup_{t\to\infty}\|u(t)\|\right) \tag{11-5}$$

由此可知，若式（11-1）是 ISS 稳定的，则存在 K_∞ 类函数 $\underline{\alpha}(\cdot)$、$\bar{\alpha}(\cdot)$、$\alpha(\cdot)$ 和 K 类函数 $\chi(\cdot)$，使得定义 11.2 成立时，定理 11.1 中的增益函数 $\gamma(\cdot)$ 取如下形式：

$$\gamma(r) = \underline{\alpha}^{-1} \circ \bar{\alpha} \circ \chi(r) \tag{11-6}$$

定理 11.2（小增益定理）[12]　如果 $\gamma_1(\gamma_2(r)) < r$ 对任意 $r > 0$ 都成立，则把 $x = (x_1, x_2)$ 看作状态变量，把 u 看作输入变量，式（11-1）是 ISS 稳定的。本书考虑如下混沌系统：

$$\begin{cases} \dot{x}_1 = ax_1 - x_2 x_3 \\ \dot{x}_2 = -bx_2 + x_1 x_3 \\ \dot{x}_3 = -cx_3 + x_1 x_2 \end{cases} \tag{11-7}$$

其中，$a > 0$，$b > 0$，$c > 0$ 为控制参数。式（11-7）有 5 个平衡点，分别为 $E_0 = (0,0,0)$，$E_1 = (-\sqrt{bc}, -\sqrt{ac}, \sqrt{ab})$，$E_2 = (-\sqrt{bc}, \sqrt{ac}, -\sqrt{ab})$，$E_3 = (\sqrt{bc}, -\sqrt{ac}, -\sqrt{ab})$，$E_4 = (\sqrt{bc}, \sqrt{ac}, \sqrt{ab})$。

考虑式（11-7）在控制器的作用下，系统的所有平衡点 $(\bar{x}_1, \bar{x}_2, \bar{x}_3)$ 能达到镇定。因此首先对式（11-7）作坐标变换：

$$\begin{cases} \tilde{x}_1 = x_1 - \bar{x}_1 \\ \tilde{x}_2 = x_2 - \bar{x}_2 \\ \tilde{x}_3 = x_3 - \bar{x}_3 \end{cases} \tag{11-8}$$

对式（11-7）实施控制作用，经过坐标变换后为

$$\begin{cases} \dot{\tilde{x}}_1 = a\tilde{x}_1 - \overline{x}_3\tilde{x}_2 - \overline{x}_2\tilde{x}_3 - \tilde{x}_2\tilde{x}_3 + a\overline{x}_1 - \overline{x}_2\overline{x}_3 + u_1 \\ \dot{\tilde{x}}_2 = \overline{x}_3\tilde{x}_1 - b\tilde{x}_2 + \overline{x}_1\tilde{x}_3 + \tilde{x}_1\tilde{x}_3 - b\overline{x}_2 + \overline{x}_3\overline{x}_1 + u_2 \\ \dot{\tilde{x}}_3 = \overline{x}_2\tilde{x}_1 + \overline{x}_1\tilde{x}_2 - c\tilde{x}_3 + \tilde{x}_1\tilde{x}_2 - c\overline{x}_3 + \overline{x}_1\overline{x}_2 + u_3 \end{cases} \quad (11\text{-}9)$$

在本书中，系统式（11-9）是按如下的控制目标来设计控制器的。

控制目标：设计自适应控制器 $u = (u_1, u_2, u_3)^T$，使得式（11-7）在平衡点是全局渐近稳定的。

假设 11.1 在有界闭集 $\tilde{V}$ 上，函数 $f(\tilde{x}) = \tilde{x}_1\tilde{x}_2$ 满足 Lipschitz 条件。即存在一 Lipschitz 常数 L（可能未知），满足 $\left| f(\tilde{x}^1) - f(\tilde{x}^2) \right| \le L\left\| \tilde{x}^1 - \tilde{x}^2 \right\|$。

11.2 ISS 控制器设计

在本节，设计如下形式的控制器：

$$u = \begin{cases} (0,0,0)^T, & \|\tilde{x}\| > |\rho|\alpha \\ (u_1, u_2, u_2)^T, & \|\tilde{x}\| \le |\rho|\alpha \end{cases} \quad (11\text{-}10)$$

其中，$u_1 = k_1\tilde{x}_1 - a\overline{x}_1 + \overline{x}_2\overline{x}_3$；$u_2 = k_2\tilde{x}_2 + b\overline{x}_2 - \overline{x}_1\overline{x}_3$；$u_3 = -\dfrac{\tilde{x}_1\tilde{x}_2}{\rho^2} + c\overline{x}_3 - \overline{x}_1\overline{x}_2$。参数 k_1、k_2 为待设计的参数。参数调节律：

$$\dot{\rho} = \begin{cases} \dfrac{1}{2\rho\theta^2}(\lambda + 2\|\tilde{x}\|^2 \varpi_1 + 2\varpi_2), & \|\tilde{x}\| > |\rho|\theta \\ -\dfrac{\delta\theta\hat{L}}{\rho|\rho|}|\rho - 1|\|\tilde{x}_3|, & \|\tilde{x}\| \le |\rho|\theta \end{cases} \quad (11\text{-}11)$$

其中，$\lambda > 0$；$\varpi_1 = |a| + |b| + |c| + 2|\overline{x}_1| + \|\tilde{x}\|$；$\varpi_2 = (|a||\overline{x}_1| + |\overline{x}_2\overline{x}_3|)|\tilde{x}_1| + (|b||\overline{x}_2| + |\overline{x}_1\overline{x}_3|)|\tilde{x}_2| + (|c||\overline{x}_3| + |\overline{x}_1\overline{x}_2|)|\tilde{x}_3|$。

$$\dot{\hat{L}} = \begin{cases} 0, & \|\tilde{x}\| > |\rho|\theta \\ \dfrac{\varepsilon\theta}{|\rho|}|\rho - 1|\|\tilde{x}_3|, & \|\tilde{x}\| \le |\rho|\theta \end{cases} \quad (11\text{-}12)$$

其中，参数 θ、λ、δ、ε 为设计的正实数。

针对式（11-7）的平衡点不稳定问题，下面给出本书的主要结论。

定理 11.3 在控制器（11-10）和自适应律（11-11）、（11-12）的控制作用下，假设 11.1 成立且控制增益参数满足 $k_1 < -a - \dfrac{(\sqrt{ac} + \sqrt{bc})^2}{c}$，$k_2 < b - \dfrac{(\sqrt{ac} + \sqrt{bc})^2}{c}$，

存在足够小的正数 σ 满足条件 $c_1 = c - 2\sigma$ ，　$\delta + 2c - c_1^2 < 2$ ，　$\varepsilon + 2c - c_1^2 < 2$ ，$2c - 2 - c_1^2 > 0$ ，则式（11-9）在原点是全局渐近稳定的。

证明：针对控制任务分两种情形。

情形（1）：$\|\tilde{x}\| > |\rho|\theta$ 。

引入记号 $s = s(\tilde{x}, \rho, \tilde{L}) = \|\tilde{x}\|^2 - \rho^2\theta^2 + 0.5\eta^{-1}\tilde{L}^2$ 。容易验证此情形满足 $s > 0$ 。考虑关于 s 的正定函数 $V = \dfrac{1}{2}s^2$ ，采用开环控制，则 V 沿式（11-9）的轨道导数为

$$\dot{V} = s[2\tilde{x}_1\dot{\tilde{x}}_1 + 2\tilde{x}_2\dot{\tilde{x}}_2 + 2\tilde{x}_3\dot{\tilde{x}}_3 - 2\rho\dot{\rho}\theta^2 + \eta^{-1}\tilde{L}\dot{\tilde{L}}]$$

$$\leq s\{2\|\tilde{x}\|^2(|a| + |b| + |c| + 2|\overline{x}_1| + \|\tilde{x}\|) + 2[(|a||\overline{x}_1| + |\overline{x}_2\overline{x}_3|)|\tilde{x}_1|$$

$$+ (|b||\overline{x}_2| + |\overline{x}_1\overline{x}_3|)|\tilde{x}_2| + (|c||\overline{x}_3| + |\overline{x}_1\overline{x}_2|)|\tilde{x}_3|] - 2\rho\dot{\rho}\theta^2 + \eta^{-1}\tilde{L}\dot{\tilde{L}}\} \tag{11-13}$$

由定理 11.3，有如下不等式成立：

$$\dot{V} \leq -\lambda s \tag{11-14}$$

式（11-14）意味着式（11-9）的状态能够在有限时间内到达曲面 $s = 0$[13]。

情形（2）：$\|\tilde{x}\| \leq |\rho|\theta$ 。

如果假设 11.1 成立，采用控制器 $(u_1, u_2, u_2)^{\mathrm{T}}$ ，则受控式（11-7）可以表示成如下形式：

$$\begin{cases} \dot{\tilde{x}}_1 = (a + k_1)\tilde{x}_1 - \overline{x}_3\tilde{x}_2 - \overline{x}_2\tilde{x}_3 - \tilde{x}_2\tilde{x}_3 \\ \dot{\tilde{x}}_2 = \overline{x}_3\tilde{x}_1 + (-b + k_2)\tilde{x}_2 + \overline{x}_1\tilde{x}_3 + \tilde{x}_1\tilde{x}_3 \\ \dot{\tilde{x}}_3 = \overline{x}_2\tilde{x}_1 + \overline{x}_1\tilde{x}_2 - c\tilde{x}_3 + \tilde{x}_1\tilde{x}_2 - (\tilde{x}_1\tilde{x}_2)/\rho^2 \end{cases} \tag{11-15}$$

式（11-15）可以看成是由两个子系统组成，其中 $\dot{\tilde{x}}_1$ 和 $\dot{\tilde{x}}_2$ 为第一个子系统，$\dot{\tilde{x}}_3$ 看成第二个子系统，首先考虑第一个子系统：

$$\begin{cases} \dot{\tilde{x}}_1 = (a + k_1)\tilde{x}_1 - \overline{x}_3\tilde{x}_2 - \overline{x}_2\tilde{x}_3 - \tilde{x}_2\tilde{x}_3 \\ \dot{\tilde{x}}_2 = \overline{x}_3\tilde{x}_1 + (-b + k_2)\tilde{x}_2 + \overline{x}_1\tilde{x}_3 + \tilde{x}_1\tilde{x}_3 \end{cases} \tag{11-16}$$

在此子系统中，$\tilde{x}_1$ 与 $\tilde{x}_2$ 看作状态变量，$\tilde{x}_3$ 看作输入变量，则选取正定函数：

$$V_1(\tilde{x}_1, \tilde{x}_2) = \frac{1}{2}(\tilde{x}_1^2 + \tilde{x}_2^2) \tag{11-17}$$

V_1 沿式（11-16）的导数为

$$\dot{V}_1(\tilde{x}_1, \tilde{x}_2) \leq (a + k_1)\tilde{x}_1^2 + (-b + k_2)\tilde{x}_2^2 + |\tilde{x}_3|(\sqrt{ac}|\tilde{x}_1| + \sqrt{bc}|\tilde{x}_2|) \tag{11-18}$$

令 $\chi_1(r) = \dfrac{c - \sigma}{\sqrt{ac} + \sqrt{bc}}r$ ，当 $\|(\tilde{x}_1, \tilde{x}_2)\| = \sqrt{\tilde{x}_1^2 + \tilde{x}_2^2} \geq \chi_1(|\overline{x}_3|)$ 时，有如下不等式成立：

$$|\tilde{x}_3|\left(\sqrt{ac}\,|\tilde{x}_1| + \sqrt{bc}\,|\tilde{x}_2|\right) \leqslant \frac{\left(\sqrt{ac} + \sqrt{bc}\right)^2}{c - \sigma}\left(\tilde{x}_1^2 + \tilde{x}_2^2\right) \tag{11-19}$$

由式（11-18）和式（11-19）可知

$$\dot{V}_1(\tilde{x}_1, \tilde{x}_2) \leqslant \left[a + k_1 + \frac{\left(\sqrt{ac} + \sqrt{bc}\right)^2}{c - \sigma}\right]\tilde{x}_1^2 + \left[-b + k_2 + \frac{\left(\sqrt{ac} + \sqrt{bc}\right)^2}{c - \sigma}\right]\tilde{x}_2^2 \tag{11-20}$$

当控制增益参数满足 $k_1 < -a - \dfrac{\left(\sqrt{ac} + \sqrt{bc}\right)^2}{c - \sigma}$，$k_2 < b - \dfrac{\left(\sqrt{ac} + \sqrt{bc}\right)^2}{c - \sigma}$ 时，可以找到足够小的正数 σ，对于某一正数 μ，满足如下不等式：

$$\begin{cases} a + k_1 + \dfrac{\left(\sqrt{ac} + \sqrt{bc}\right)^2}{c - \sigma} < -\mu \\[4mm] -b + k_2 + \dfrac{\left(\sqrt{ac} + \sqrt{bc}\right)^2}{c - \sigma} < -\mu \end{cases} \tag{11-21}$$

由式（11-20）和式（11-21）可知，如下不等式成立：

$$\dot{V}_1(\tilde{x}_1, \tilde{x}_2) \leqslant -\mu(\tilde{x}_1^2 + \tilde{x}_2^2) \tag{11-22}$$

K_∞ 函数取为 $\underline{\alpha}(r) = \overline{\alpha}(r) = \dfrac{1}{2}r^2$，$\alpha(r) = \mu r^2$，则函数 $V_1(\tilde{x}_1, \tilde{x}_2)$ 满足定义 11.2，因此 $V_1(\tilde{x}_1, \tilde{x}_2)$ 是式（11-16）的一个 ISS-Lyaounov 函数，所以子系统式（11-16）是 ISS 稳定的。

考虑第二个子系统：

$$\dot{\tilde{x}}_3 = \overline{x}_2 \tilde{x}_1 + \overline{x}_1 \tilde{x}_2 - c\tilde{x}_3 + \tilde{x}_1 \tilde{x}_2 - \frac{\tilde{x}_1 \tilde{x}_2}{\rho^2} \tag{11-23}$$

此时，把 $\tilde{x}_3$ 看作式（11-23）的状态变量，$\tilde{x}_1$ 和 $\tilde{x}_2$ 看作输入变量，选取正定函数：

$$V_2(\tilde{x}_3, \rho, \tilde{L}) = \frac{1}{2}\tilde{x}_3^2 + \frac{1}{2}\delta^{-1}\rho^2 + \frac{1}{2}\varepsilon^{-1}\tilde{L}^2 \tag{11-24}$$

式（11-24）沿式（11-23）的导数为

$$\dot{V}_2 \leqslant -c\tilde{x}_3^2 + |\tilde{x}_3|\left(\sqrt{ac}\,|\tilde{x}_1| + \sqrt{bc}\,|\tilde{x}_2|\right) + \frac{\theta\hat{L}}{|\rho|}|\rho - 1||\tilde{x}_3|$$

$$+ \delta^{-1}\rho\dot{\rho} + \varepsilon^{-1}\tilde{L}\dot{\hat{L}} - \frac{\theta\tilde{L}}{|\rho|}|\rho - 1||\tilde{x}_3| \tag{11-25}$$

由自适应律（11-11）、（11-12）知，如下不等式成立：

$$\dot{V}_2(\tilde{x}_3, \rho, \tilde{L}) \leqslant -c\tilde{x}_3^2 + |\tilde{x}_3|\left(\sqrt{ac}\,|\tilde{x}_1| + \sqrt{bc}\,|\tilde{x}_2|\right) \tag{11-26}$$

因为有不等式 $|\tilde{x}_1| \leqslant \sqrt{\tilde{x}_1^2 + \tilde{x}_2^2}$ ，$|\tilde{x}_2| \leqslant \sqrt{\tilde{x}_1^2 + \tilde{x}_2^2}$ ，令 $\chi_2(r) = \dfrac{c - 2\sigma}{\sqrt{ac} + \sqrt{bc}} r$ ，所以当不等

式 $\dfrac{c - 2\sigma}{\sqrt{ac} + \sqrt{bc}} \sqrt{\tilde{x}_3^2 + \rho^2 + \tilde{L}^2} \geqslant \sqrt{\tilde{x}_1^2 + \tilde{x}_2^2}$ 成立时，有如下的不等式：

$$\begin{cases} |\tilde{x}_1| \leqslant \dfrac{c - 2\sigma}{\sqrt{ac} + \sqrt{bc}} \sqrt{\tilde{x}_3^2 + \rho^2 + \tilde{L}^2} \\[2mm] |\tilde{x}_2| \leqslant \dfrac{c - 2\sigma}{\sqrt{ac} + \sqrt{bc}} \sqrt{\tilde{x}_3^2 + \rho^2 + \tilde{L}^2} \\[2mm] |\tilde{x}_3| \leqslant \sqrt{\tilde{x}_3^2 + \rho^2 + \tilde{L}^2} \end{cases} \tag{11-27}$$

$$|\tilde{x}_3|(\sqrt{ac}|\tilde{x}_1| + \sqrt{bc}|\tilde{x}_2|) = |\tilde{x}_3|\sqrt{\tilde{x}_3^2 + \rho^2 + \tilde{L}^2}(c - 2\sigma) \tag{11-28}$$

由式（11-26）、式（11-28）可得

$$\dot{V}_2 \leqslant -c\tilde{x}_3^2 + |\tilde{x}_3|\sqrt{\tilde{x}_3^2 + \rho^2 + \tilde{L}^2}(c - 2\sigma) \tag{11-29}$$

记 $c_1 = c - 2\sigma$ ，因为

$$c_1|\tilde{x}_3|\sqrt{\tilde{x}_3^2 + \rho^2 + \tilde{L}^2} \leqslant \dfrac{(c_1^2 + 1)\tilde{x}_3^2 + \rho^2 + \tilde{L}^2}{2} \tag{11-30}$$

由式（11-29）和式（11-30），可得

$$\dot{V}_2(\tilde{x}_3, \rho, \tilde{L}) \leqslant -(2c - 1 - c_1^2)V_2(\tilde{x}_3, \rho, \tilde{L}) + \dfrac{1}{2}[1 + (2c - 1 - c_1^2)\delta^{-1}]\rho^2$$

$$+ \dfrac{1}{2}[1 + (2c - 1 - c_1^2)\varepsilon^{-1}]\tilde{L}^2 \tag{11-31}$$

在式（11-31）中，由定理 11.3 中的条件 $\delta + 2c - c_1^2 < 2$ ，$\varepsilon + 2c - c_1^2 < 2$ ，则有

$$\dot{V}_2(\tilde{x}_3, \rho, \tilde{L}) \leqslant -(2c - 2 - c_1^2)V_2(\tilde{x}_3, \rho, \tilde{L}) \tag{11-32}$$

K_∞ 函数取为 $\underline{\alpha}(r) = \bar{\alpha}(r) = \dfrac{1}{2}r^2$ ，$\alpha(r) = (2c - 2 - c_1^2)r^2$ ，函数 $V_2(\tilde{x}_3, \rho, \tilde{L})$ 满足定义 11.2 的条件知，$V_2(\tilde{x}_3, \rho, \tilde{L})$ 是系统式（11-23）的一个 ISS-Lyapunov 函数，则子系统式（11-23）是 ISS 稳定的。由式（11-6）可知，增益函数的复合函数为

$$\gamma_1(\gamma_2(r)) = \dfrac{c - 2\sigma}{c - \sigma} r < r \tag{11-33}$$

从式（11-33）中可以看出，增益函数的复合函数是一个压缩映射，因此式（11-15）是 ISS 稳定的，其原点是全局渐近稳定的。

11.3　仿　真　算　例

对受控系统式（11-9），由定理 11.3 中的控制增益 k_1，k_2 参数需要满足的取值条件，取参数 $k_1 = -40$，$k_2 = -25$，系统的初始状态为 $\tilde{x}_1(0) = 10$，$\tilde{x}_2(0) = 20$，$\tilde{x}_3(0) = 30$。自适应参数初始值取为 $\rho(0) = 1$，$\hat{L}(0) = 0.8$。自适应律（11-11）、（11-12）中的参数为 $\theta = 20$，$\lambda = 200$，$\delta = 0.05$，$\varepsilon = 0.001$。根据系统的参数取两组值分别讨论其平衡点的稳定性。

实验 1：令式（11-9）中的参数取值为 $a = 4.5$，$b = 12$，$c = 5$。系统的 5 个平衡点分别为 $E_0^a = (0,0,0)$，$E_1^a = (-\sqrt{60}, -\sqrt{22.5}, \sqrt{54})$，$E_2^a = (-\sqrt{60}, \sqrt{22.5}, -\sqrt{54})$，$E_3^a = (\sqrt{60}, -\sqrt{22.5}, -\sqrt{54})$，$E_4^a = (\sqrt{60}, \sqrt{22.5}, \sqrt{54})$，对平衡点实施控制时，系统状态的变化情况如图 11-1～图 11-5 所示。

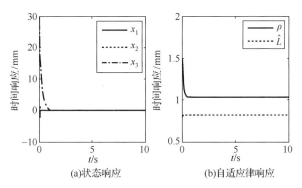

图 11-1　平衡点 E_0^a 的状态响应与自适应律的时间响应

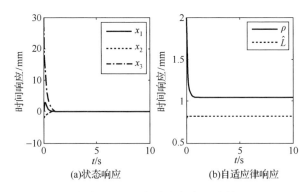

图 11-2　平衡点 E_1^a 的状态响应与自适应律的时间响应

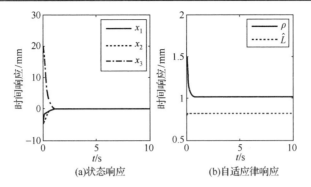

图 11-3　平衡点 E_2^a 的状态响应与自适应律的时间响应

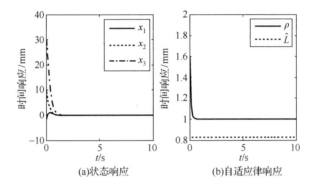

图 11-4　平衡点 E_3^a 的状态响应与自适应律的时间响应

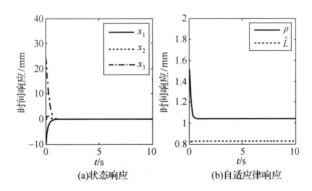

图 11-5　平衡点 E_4^a 的状态响应与自适应律的时间响应

实验 2：令式（11-9）中的参数取值为 $a=0.4$，$b=12$，$c=5$。系统的 5 个平衡点分别为 $E_0^b=(0,0,0)$，$E_1^b=(-\sqrt{60},-\sqrt{2},\sqrt{4.8})$，$E_2^b=(-\sqrt{60},\sqrt{2},-\sqrt{4.8})$，$E_3^b=(\sqrt{60},-\sqrt{2},-\sqrt{4.8})$，$E_4^b=(\sqrt{60},\sqrt{2},\sqrt{4.8})$，对平衡点实施控制时，系统状态的变化情况如图 11-6～图 11-10 所示。

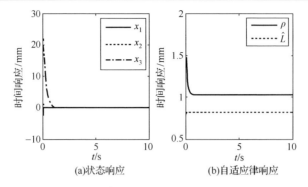

图 11-6 平衡点 E_0^b 的状态响应与自适应律的时间响应

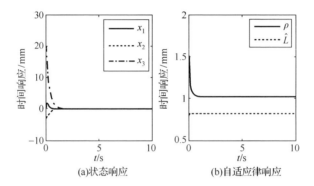

图 11-7 平衡点 E_1^b 的状态响应与自适应律的时间响应

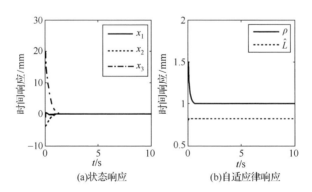

图 11-8 平衡点 E_2^b 的状态响应与自适应律的时间响应

从参数取两组实验的仿真结果可以看出，系统的所有平衡点可以在自适应控制器式（11-10）～（11-12）的控制作用下，很好地达到稳定状态，且控制器中自适应参数是一致有界的。

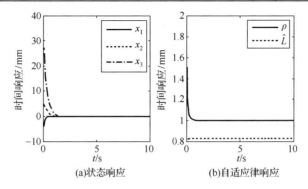

图 11-9　平衡点 E_3^b 的状态响应与自适应律的时间响应

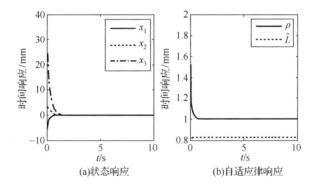

图 11-10　平衡点 E_4^b 的状态响应与自适应律的时间响应

11.4　本 章 小 结

　　本章研究了一类混沌系统的平衡点镇定问题，利用 ISS 系统和小增益定理，提出一种状态反馈自适应控制器设计方案，该设计方法避免了其他控制器设计中由初值的敏感性所导致的控制器设计困难的问题。通过本章中的理论分析，证明了闭环系统中的所有信号都是全局稳定的。

参 考 文 献

[1] Pikovsky A, Roseblum M, Kurths J. Synchronization: A Universal Concept in Nonlinear Sciences. New York: Cambridge University Press, 2003: 1-24.

[2] Hübler A, Lüscher E. Resonant stimulation and control of nonlinear oscillators. Naturwissenchaften, 1989, 76: 67-69.

[3] Farmer J D. Sensitive dependence on parameters in nonlinear dynamics. Physics Review Letter, 1985, 55: 351-354.

[4] 范子彦,韩正之. 非线性控制系统的输入-状态稳定性及有关问题. 控制理论与应用, 2001, 18: 473-477.

[5] Sontag E D. Smooth stabilization implies coprime factorization. IEEE Transactions on Automatic Control, 2002, 34: 435-443.

[6] Tsinias J. Stochastic input-to-state stability and applications to global feedback stabilization. International Journal of Control, 1998, 71: 907-930.

[7] Yang Y S, Zhou C J. Adaptive fuzzy H_∞ stabilization for strict-feedback canonical nonlinear systems via backstepping and small-gain approach. IEEE Transactions on Fuzzy Systems, 2005, 13: 104-114.

[8] Arcak M, Teel A. Input-to-state stability for a class of Lurie systems. Automatica, 2002, 38: 1945-1949.

[9] Fridman E, Dambrine M, Yeganegar N. On input-to-state stability of systems with time-delay: A matrix inequalities approach. Automatica, 2008, 44: 2364-2369.

[10] 段纳, 王璐, 赵从然. 一类具有积分输入到状态稳定未建模动态的高阶非线性系统的状态反馈调节. 控制理论与应用, 2011, 28: 639-644.

[11] Chen W H, Zheng W X. Input-to-state stability for networked control systems via an improved impulsive system approach. Automatica, 2011, 47: 789-796.

[12] Isidori A. Nonlinear Control Systems. London: Springer, 1999: 143-146.

[13] Slotine J J E, Li W. 应用非线性控制. 程代展译. 北京: 机械工业出版社, 2006: 186-191.

第 12 章　基于输入到状态稳定的一类混沌系统的同步自适应控制器设计

在过去的二十几年，各种复杂动态系统和混沌系统的同步控制器设计得到了大量研究[1-6]。到目前为止，驱动响应系统的同步问题已经成了很多学者研究的热点。在文献[7]中，对于一类驱动响应混沌系统的同步控制，给出一种离散时间滑模控制器设计方法。对带有时滞的 Lur'e 混沌驱动响应系统的同步控制，基于线性不等式方法，提出一种采样数据控制器设计[8]。文献[9]设计了量化采样控制器来保证驱动响应系统的全局指数同步。对于一类不确定时滞的驱动响应系统的鲁棒指数同步控制问题，文献[10]给出一种自适应控制方法。线性反馈控制器被应用在 Yassen's 混沌系统同步控制设计中[11]。除了这些方法之外，其他多种方法被用在驱动响应系统的同步控制中[12,13]。

在这些已有成果中，线性反馈和非线性反馈控制方法被用于驱动响应系统的同步中。由此可知，基于同步误差的线性反馈控制方法在解决混沌系统的同步控制过程中是很有效的方法之一。另外，同步控制成本是衡量控制器好坏的一个重要指标。因为混沌对初始条件具有敏感性[14]，且不同的初始条件大大影响了同步成本，由此一个值得考虑的问题是，如何设计一种控制器，该控制器可以保证同步成本和同步误差都大大减少。自从文献[15]中提出一种输入到状态稳定理论以来，采用输入到状态稳定理论设计控制器得到了很多研究者的青睐，并产生了大量的成果[16-20]。从研究工作的角度来看，如果不考虑初始状态，在小输入的情况下，系统的状态必须保证有界。为了降低同步成本和同步误差，考虑采用输入到状态稳定控制设计方法设计控制器使得驱动响应系统同步。本章的主要工作如下：首先，采用状态反馈保证控制器结构简单。其次，本章设计方法可以降低同步成本和驱动响应系统的同步误差。最后，自适应控制器中的参数少由此保证工程实际应用简单方便。

12.1　问　题　描　述

本章考虑如下形式的驱动系统：

$$\begin{cases} \dot{x}_1 = ax_1 - x_2x_3 \\ \dot{x}_2 = -bx_2 + x_1x_3 \\ \dot{x}_3 = -cx_3 + x_1x_2 \end{cases} \tag{12-1}$$

其中，$a > 0$，$b > 0$，$c > 0$；$|x_1| \leqslant M_1$，$|x_2| \leqslant M_2$，$|x_3| \leqslant M_3$，且 M_1、M_2、M_3 是系统（12-1）的三个状态的界。

响应系统选为下面的形式：

$$\begin{cases} \dot{y}_1 = ay_1 - y_2 y_3 + u_1 \\ \dot{y}_2 = -by_2 + y_1 y_3 + u_2 \\ \dot{y}_3 = -cy_3 + y_1 y_2 + u_3 \end{cases} \qquad (12\text{-}2)$$

如果定义驱动系统（12-1）和响应系统（12-2）之间的同步误差为 $e_1 = y_1 - x_1$，$e_2 = y_2 - x_2$，$e_3 = y_3 - x_3$，则同步误差的动态方程为

$$\begin{cases} \dot{e}_1 = ae_1 - x_3 e_2 - x_2 e_3 - e_2 e_3 + u_1 \\ \dot{e}_2 = x_3 e_1 - be_2 + x_1 e_3 + e_1 e_3 + u_2 \\ \dot{e}_3 = x_2 e_1 + x_1 e_2 - ce_3 + e_1 e_2 + u_3 \end{cases} \qquad (12\text{-}3)$$

记 $e = (e_1, e_2, e_3)^{\mathrm{T}}$，系统（12-3）中的控制器 $u = (u_1, u_2, u_3)^{\mathrm{T}}$ 可以根据下面的控制目标来设计。

控制目标：本章的控制目标是设计自适应控制器 $u = (u_1, u_2, u_3)^{\mathrm{T}}$ 使得同步误差向量 $e = (e_1, e_2, e_3)^{\mathrm{T}}$ 满足 $\lim\limits_{t \to \infty} e(t) = 0$。

假设 12.1　假设函数 $f(e) = e_1 e_2$ 在 $\tilde{V}$ 上满足 Lipschitz 条件，即对 e^1, $e^2 \in \tilde{V}$，存在一个正常数 L（可能未知）满足条件 $|f(e^1) - f(e^2)| \leqslant L \|e^1 - e^2\|$。

12.2　主　要　结　论

在本节中，给出如下形式的自适应控制器（12-4）～（12-6）来保证驱动系统（12-1）和响应系统（12-2）实现同步。

$$u = \begin{cases} (0, 0, 0)^{\mathrm{T}}, & \|\tilde{e}\| > |\rho| \varpi \\ (u_1, u_2, u_3)^{\mathrm{T}}, & \|\tilde{e}\| \leqslant |\rho| \varpi \end{cases} \qquad (12\text{-}4)$$

其中，$u_1 = k_1 e_1$；$u_2 = k_2 e_2$；$u_3 = -\dfrac{e_1 e_2}{\rho^2}$。参数 k_1、k_2 是待设定的。

自适应律为

$$\dot{\rho} = \begin{cases} \dfrac{1}{2\rho\varpi^2} [\lambda + 2\|e\|^2 (|a| + |b| + |c|) + 2(M_2 + |e_1|)|e_2| \cdot |e_3|], & \|e\| > |\rho| \varpi \\ -\dfrac{\mu_1 \varpi \hat{L}}{\rho |\rho|} |\rho - 1| |e_3|, & \|e\| \leqslant |\rho| \varpi \end{cases} \qquad (12\text{-}5)$$

$$\dot{L} = \begin{cases} 0, & \|e\| > |\rho|\varpi \\ \dfrac{\mu_2\varpi}{|\rho|}|\rho - 1|\|e_3|, & \|e\| \leqslant |\rho|\varpi \end{cases} \qquad (12\text{-}6)$$

其中，μ_1、μ_2 和 ϖ 为给定的正常数。

定理 12.1　如果假设 12.1 成立，控制增益参数 k_1 和 k_2 分别满足 $k_1 < -a - \dfrac{(\sqrt{ac} + \sqrt{bc})^2}{c}$，$k_2 < b - \dfrac{(\sqrt{ac} + \sqrt{bc})^2}{c}$，系统（12-3）在控制器（12-4）及自适应律（12-5）、（12-6）的作用下是全局渐近稳定的，如果存在一个小常数满足 $\sigma > 0$，且满足不等式 $c_1 = c - 2\sigma$，$\delta + 2c - c_1^2 < 2$，$\varepsilon + 2c - c_1^2 < 2$，$2c - 2 - c_1^2 > 0$。

证明： 根据控制任务，给出以下两种情形下的证明过程。

情形（1）：$\|e\| > |\rho|\varpi$。

在此情形下，采用开环控制，首先选定滑模面为 $s = s(e, \rho, \tilde{L}) = \|e\|^2 - \rho^2\varpi^2 + 0.5\delta^{-1}\tilde{L}^2$，很容易看出 $s > 0$ 成立，考虑正定函数 $V = \dfrac{1}{2}s^2$，则函数 V 沿系统（12-3）的时间导数为

$$\dot{V} = s\dot{s} \leqslant s\{2\|e\|^2 (|a| + |b| + |c| + 2|\bar{x}_1| + \|\tilde{x}\|) + 2[(M_1 + |e_1|)|e_2| \cdot |e_3| - 2\rho\dot{\rho}\varpi^2 + \delta^{-1}\tilde{L}\dot{\tilde{L}}]\}$$

由定理 12.1 可知

$$\dot{V} \leqslant -\lambda s \qquad (12\text{-}7)$$

由文献[21]，不等式（12-7）意味着系统（12-3）的状态在有限时间内可以到达滑模面 $s = 0$。

情形（2）：$\|e\| \leqslant |\rho|\varpi$。

如果假设 11.1 成立，在此情形下，采用控制器 $(u_1, u_2, u_3)^{\mathrm{T}}$，系统（12-3）可以重新写成

$$\begin{cases} \dot{e}_1 = (a + k_1)e_1 - x_3 e_2 - x_2 e_3 - e_2 e_3 \\ \dot{e}_2 = x_3 e_1 - (b - k_2)e_2 + x_1 e_3 + e_1 e_3 \\ \dot{e}_3 = x_2 e_1 + x_1 e_2 - c e_3 + e_1 e_2 - \dfrac{e_1 e_2}{\rho^2} \end{cases} \qquad (12\text{-}8)$$

从式（12-8）分析，可以分成两个子系统，其中 $\dot{e}_1$ 和 $\dot{e}_2$ 作为第一个子系统，$\dot{e}_3$ 作为第二个子系统。首先，分析第一个子系统：

$$\begin{cases} \dot{e}_1 = (a + k_1)e_1 - x_3 e_2 - x_2 e_3 - e_2 e_3 \\ \dot{e}_2 = x_3 e_1 - (b - k_2)e_2 + x_1 e_3 + e_1 e_3 \end{cases} \qquad (12\text{-}9)$$

其中，e_1 和 e_2 作为系统（12-9）的状态，此时 e_3 可以看成输入，引入如下 Lyapunov 函数：

$$V_1(e_1, e_2) = \frac{1}{2}(e_1^2 + e_2^2) \tag{12-10}$$

则函数 $V_1(e_1, e_2)$ 沿系统（12-9）的时间导数为

$$\dot{V}_1(e_1, e_2) = (a + k_1)e_1^2 + (k_2 - b)e_2^2 + |e_3|(|x_1| \cdot |e_2| + |x_2||e_1|)$$
$$\leqslant (a + k_1)e_1^2 + (k_2 - b)e_2^2 + (M_1|e_2| + M_2|e_1|)|e_3| \tag{12-11}$$

令 $\chi_1(r) = \dfrac{c - 2\sigma}{M_1 + M_2} r$，当 $\|(e_1, e_2)\| = \sqrt{e_1^2 + e_2^2} \geqslant \chi_1(|e_3|)$ 成立时，有如下的不等式成立：

$$(M_1|e_2| + M_2|e_1|)|e_3| \leqslant \frac{M_1 + M_2}{c - 2\sigma}\sqrt{e_1^2 + e_2^2}(M_1|e_2| + M_2|e_1|)$$
$$\leqslant \frac{M_1 + M_2}{c - 2\sigma}\sqrt{e_1^2 + e_2^2}(M_1\sqrt{e_1^2 + e_2^2} + M_2\sqrt{e_1^2 + e_2^2})$$
$$= \frac{M_1 + M_2}{c - 2\sigma}(e_1^2 + e_2^2) \tag{12-12}$$

由式（12-11）和式（12-12），可得

$$\dot{V}_1(e_1, e_2) \leqslant (a + k_1)e_1^2 + (k_2 - b)e_2^2 + \frac{M_1 + M_2}{c - 2\sigma}(e_1^2 + e_2^2)$$
$$= \left[a + k_1 + \frac{(M_1 + M_2)^2}{c - 2\sigma}\right]e_1^2 + \left[-b + k_2 + \frac{(M_1 + M_2)^2}{c - 2\sigma}\right]e_2^2 \tag{12-13}$$

假设 $k_1 < -a - \dfrac{(M_1 + M_2)^2}{c - 2\sigma}$，$k_2 < b - \dfrac{(M_1 + M_2)^2}{c - 2\sigma}$ 成立，则可以找到一个小常数 $\sigma > 0$ 和 $\eta > 0$ 满足如下不等式成立：

$$a + k_1 + \frac{(M_1 + M_2)^2}{c - 2\sigma} < -\eta, \quad -b + k_2 + \frac{(M_1 + M_2)^2}{c - 2\sigma} < -\eta \tag{12-14}$$

因此，可以得到

$$\dot{V}_1(e_1, e_2) \leqslant -\eta(e_1^2 + e_2^2) \tag{12-15}$$

选择 K_∞ 类函数为 $\underline{\alpha}(r) = \bar{\alpha}(r) = \dfrac{1}{2}r^2$，$\alpha(r) = \eta r^2$，函数 $V_1(e_1, e_2)$ 如定义 11.2 所示，则函数 $V_1(e_1, e_2)$ 称为系统（12-9）的一个 ISS-Lyapunov 函数，因此第一个子系统（12-9）是稳定的。

下面，考虑第二个子系统：

$$\dot{e}_3 = x_2 e_1 + x_1 e_2 - c e_3 + e_1 e_2 - \frac{e_1 e_2}{\rho^2} \tag{12-16}$$

其中，e_3 被看作系统（12-16）的状态，e_1 和 e_2 作为输入状态，选取如下的函数：

$$V_2(e_3, \rho, \tilde{L}) = \frac{1}{2}e_3^2 + \frac{1}{2}\mu_1^{-1}\rho^2 + \frac{1}{2}\mu_2^{-1}\tilde{L}^2 \tag{12-17}$$

则函数（12-17）的时间导数为

$$\dot{V}_2(e_3, \rho, \tilde{L}) = e_3\left[x_2e_1 + x_1e_2 - ce_3 + e_1e_2 - \frac{e_1e_2}{\rho^2}\right] + \mu_1^{-1}\rho\dot{\rho} + \mu_2^{-1}\tilde{L}\dot{\tilde{L}}$$

$$\leqslant -ce_3^2 + |e_3|[M_2|e_1| + M_1|e_2| + \frac{\varpi\hat{L}}{|\rho|}|\rho - 1|] + \mu_1^{-1}\rho\dot{\rho} + \mu_2^{-1}\tilde{L}\dot{\tilde{L}} - \frac{\varpi\tilde{L}}{|\rho|}|\rho - 1| \cdot |e_3| \tag{12-18}$$

由自适应律（12-5）、（12-6）可知，如下不等式成立：

$$\dot{V}_2(e_3, \rho, \tilde{L}) \leqslant -ce_3^2 + |e_3|(M_2|e_1| + M_1|e_2|) \tag{12-19}$$

由于不等式 $|e_1| \leqslant \sqrt{e_1^2 + e_2^2}$，$|e_2| \leqslant \sqrt{e_1^2 + e_2^2}$，令 $\chi_2(r) = \dfrac{c - 2\sigma}{M_1 + M_2}r$，不等式

$\dfrac{c - 2\sigma}{M_2 + M_1}\sqrt{e_3^2 + \rho^2 + \tilde{L}^2} \geqslant \sqrt{e_1^2 + e_2^2}$ 意味着如下不等式成立：

$$\begin{cases} |e_1| \leqslant \dfrac{c - 2\sigma}{M_2 + M_1}\sqrt{e_3^2 + \rho^2 + \tilde{L}^2} \\[2mm] |e_2| \leqslant \dfrac{c - 2\sigma}{M_2 + M_1}\sqrt{e_3^2 + \rho^2 + \tilde{L}^2} \\[2mm] |e_3| \leqslant \sqrt{e_3^2 + \rho^2 + \tilde{L}^2} \end{cases} \tag{12-20}$$

由不等式（12-20）可知，不等式（12-21）成立：

$$|e_3|(M_2|e_1| + M_1|e_2|) \leqslant |e_3|\frac{c - 2\sigma}{M_2 + M_1}\sqrt{e_3^2 + \rho^2 + \tilde{L}^2}(M_2 + M_1)$$

$$= |e_3|\sqrt{e_3^2 + \rho^2 + \tilde{L}^2}(c - 2\sigma) \tag{12-21}$$

结合不等式（12-19）和不等式（12-21）可得

$$\dot{V}_2(e_3, \rho, \tilde{L}) \leqslant -ce_3^2 + |e_3|\sqrt{e_3^2 + \rho^2 + \tilde{L}^2}(c - 2\sigma) \tag{12-22}$$

记 $\bar{c} = c - 2\sigma$，因为

$$\bar{c}|e_3|\sqrt{e_3^2 + \rho^2 + \tilde{L}^2} \leqslant \frac{\bar{c}^2e_3^2 + e_3^2 + \rho^2 + \tilde{L}^2}{2} = \frac{(\bar{c}^2 + 1)e_3^2 + \rho^2 + \tilde{L}^2}{2} \tag{12-23}$$

则

$$\dot{V}_2(e_3, \rho, \tilde{L}) \leqslant -(2c - 1 - \bar{c}^2)V_2(e_3, \rho, \tilde{L})$$

$$+ \frac{1}{2}[1 + (2c - 1 - \bar{c}^2)\mu_1^{-1}]\rho^2 + \frac{1}{2}[1 + (2c - 1 - \bar{c}^2)\mu_2^{-1}]\tilde{L}^2 \tag{12-24}$$

根据定理 11.3 中的条件，$\mu_1 + 2c - \bar{c}^2 < 2$，$\mu_2 + 2c - \bar{c}^2 < 2$，则有如下不等式成立：

$$\dot{V}_2(e_3, \rho, \tilde{L}) \leqslant -(2c - 2 - \bar{c}^2)V_2(e_3, \rho, \tilde{L}) \tag{12-25}$$

如果选取 $\underline{\alpha}(r) = \bar{\alpha}(r) = \dfrac{1}{2}r^2$，$\alpha(r) = (2c - 2 - \bar{c}^2)r^2$ 作为 K_∞ 类函数，不等式（12-25）意味着函数 $V_2(e_3, \rho, \tilde{L})$ 满足定义 11.2 中的条件，因此 $V_2(e_3, \rho, \tilde{L})$ 可以作为子系统（12-16）的一个 ISS-Lyapunov 函数，由结论知系统（12-16）是输入到状态稳定的。

由式（11-6）知，增益函数可以定义为

$$\gamma_1(\gamma_2(r)) = \frac{c - 2\sigma}{c - \sigma}r < r \tag{12-26}$$

因此，由定理 11.1 可知，系统（12-3）是全局渐近稳定的。定理 12.1 证毕。

12.3　仿　真　算　例

在本节中，采用自适应控制器（12-4）～（12-6）来说明控制方法的有效性，自适应参数的初始值选取为 $\rho(0) = 1$，$\hat{L}(0) = 0.7$，且自适应律中的参数分别选为 $\varpi = 20$，$\lambda = 200$，$\mu_1 = 0.05$，$\mu_2 = 0.001$。驱动系统（12-1）的初值状态为 $x_1(0) = 1$，$x_2(0) = 1$，$x_3(0) = 1$，响应系统（12-2）的初始状态为 $y_1(0) = -10$，$y_2(0) = -17$，$y_3(0) = 15$。

情形（1）：如果驱动系统（12-1）和响应系统（12-2）的参数选取为 $a = 0.4$，$b = 12$，$c = 5$，驱动系统（12-1）在开环控制下，状态响应结果如图 12-1 所示。开环控制下驱动系统（12-1）和响应系统（12-2）的同步误差如图 12-2 所示。

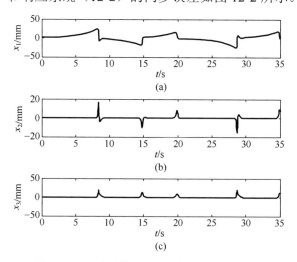

图 12-1　驱动系统（12-1）的状态时间响应

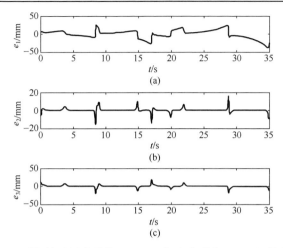

图 12-2　开环控制下驱动系统（12-1）和响应系统（12-2）的同步误差

从图 12-1 可以看出，驱动系统的状态轨迹满足条件 $|x_1| \leqslant 50$，$|x_2| \leqslant 20$，$|x_3| \leqslant 50$，在此，先考虑采用文献[11]中的状态反馈控制器设计方法，则相应的同步误差系统（12-3）仿真结果如图 12-3 所示。

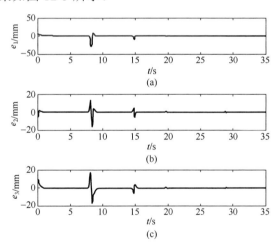

图 12-3　驱动响应系统在文献[11]中的同步误差时间响应

现在，使用本节所设计的自适应控制器（12-4）～（12-6），由定理 11.1，控制增益选为 $k_1 = -2500$，$k_2 = -2300$，同步误差时间响应如图 12-4 所示，自适应控制器中的参数 ρ 和 $\hat{L}$ 的时间响应如图 12-5 所示，可以看出自适应参数是有界的。

从图 12-3 和图 12-4 可知，控制器（12-4）～（12-6）相比于文献[11]中的反馈控制器，本节中给出的控制器设计方法可以使得驱动响应系统在同样的初始状态下，误差快速达到同步的目的。

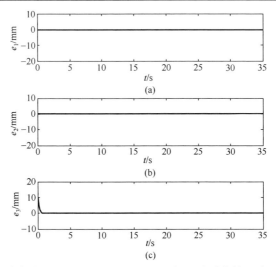

图 12-4　响应系统在控制器（12-4）～（12-6）下与驱动系统的同步误差时间响应

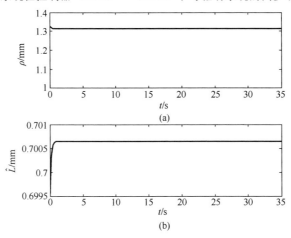

图 12-5　控制器（12-4）～（12-6）中的自适应参数的时间响应

情形（2）：选用系统的另一组参数为 $a=4.5$，$b=12$，$c=5$，在开环控制下，驱动系统（12-1）的状态和驱动响应误差系统（12-3）的状态仿真结果如图 12-6 和图 12-7 所示。

在文献[11]中，给出状态反馈控制器设计方法，其同步误差的时间响应仿真如图 12-8 所示，可以看出在时间 $t=20\,\mathrm{s}$ 时，实现了驱动响应同步。

从图 12-6 知，驱动系统的三个状态界分别为 $|x_1|\leqslant100$，$|x_2|\leqslant50$，$|x_3|\leqslant100$，采用自适应控制器（12-4）～（12-6），其中控制增益选取为 $k_1=-5000$，$k_2=-4800$，则同步误差的时间响应结果如图 12-9 所示，图 12-10 为控制器的自适应参数的时间响应曲线，且仿真结果表明参数自适应律 ρ 和 $\hat{L}$ 是有界的。

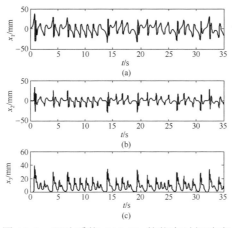

图 12-6　驱动系统（12-1）的状态时间响应

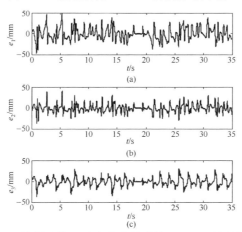

图 12-7　开环控制下的驱动响应误差系统（12-3）的误差时间响应

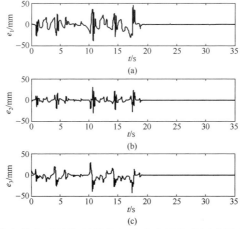

图 12-8　带有状态反馈控制器的驱动响应系统的同步误差时间响应

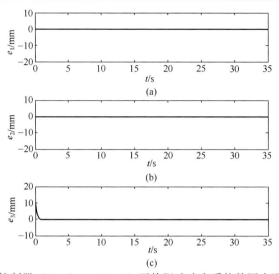

图 12-9　在控制器（12-4）～（12-6）下的驱动响应系统的同步误差时间响应

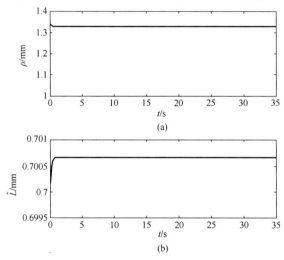

图 12-10　控制器（12-4）～（12-6）中的自适应参数的时间响应

从以上仿真结果可以看出，文献[11]中所设计的状态反馈控制器需要在 $t = 20\,\mathrm{s}$ 时才能实现驱动响应系统的同步，但是在本章中所设计的自适应控制器可以快速实现同步，由此可见，本章设计的控制器具有优越性。

12.4　本 章 小 结

本章给出一种自适应控制器设计方法，该方法的优点是自适应律的个数只有两个，且控制器时间响应快，通过具体的实验仿真可知本设计方法的优越性。

参 考 文 献

[1] Pikovsky A, Roseblum M, Kurths J. Synchronization: A Universal Concept in Nonlinear Sciences. New York: Cambridge University Press, 2003.

[2] Hübler A, Lüscher E. Resonant stimulation and control of nonlinear oscillators. Naturwissenschaften, 1989, 76: 67-69.

[3] Wu Z G, Shi P, Su H, et al. Stochastic synchronization of Markovian jump neural networks with time-varying delay using sampled-data. IEEE Transactions on Cybernetics, 2013, 43:1796-1806.

[4] Wu Z G, Shi P, Su H, et al. Sampled-data exponential synchronization of complex dynamical networks with time-varying coupling delay. IEEE Transactions on Neural Networks and Learning Systems, 2013, 24:1177-1187.

[5] Wu Z G, Shi P, Su H, et al. Dissipativity analysis for discrete-time stochastic neural networks with time-varying delays. IEEE Transactions on Neural Networks and Learning Systems, 2013, 24:345-355.

[6] Loria A. Master-slave synchronization of fourth-order Lü chaotic oscillators via linear output feedback. IEEE Transactions on Circuits Systems, 2010, 57:213-217.

[7] Pai M C. Global synchronization of uncertain chaotic systems via discrete-time sliding mode control. Applied Mathematics and Computation, 2014, 227:663-671.

[8] Wu Z, Shi P, Su H, et al. Sampled-data synchronization of chaotic Lur'e systems with time delays. IEEE Transactions on Neural Networks and Learning Systems, 2013, 24: 410-421.

[9] Xiao X, Zhou L, Zhang Z. Synchronization of chaotic Lur'e systems with quantized sampled-data controller. Communications in Nonlinear Science and Numerical Simulation, 2014, 19:2039-2047.

[10] Wang T, Zhou W, Zhao S, et al. Robust master-slave synchronization for general uncertain delayed dynamical model based on adaptive control scheme. TSA Transactions, The Journal of Automation, 2014, 53:335-340.

[11] Yassen M T. Controlling chaos and synchronization for new chaotic system using linear feedback control. Chaos Solitions and Fractals, 2005, 26:913-920.

[12] Du H. Function projective synchronization in drive-response dynamical networks with non-identical nodes. Chaos Solitons and Fractals, 2011, 44:510-514.

[13] Lü L, Li C, Chen L, et al. Lag projective synchronization of a class of complex network constituted nodes with chaotic behavior. Communications in Nonlinear Science and Numerical Simulation, 2014, 19:2843-2849.

[14] Farmer J D. Sensitive dependence on parameters in nonlinear dynamics. Physics Review Letter, 1985, 55:351-354.

[15] Sontag E D. Smooth stabilization implies coprime factorization. IEEE Transactions on Automatic Control, 2002, 34: 435-443.

[16] Tsinias J. Stochastic input-to-state stability and applications to global feedback stabilization. International Journal of Control, 1998, 7:907-930.

[17] Yang Y, Zhou C. Adaptive fuzzy H_∞ stabilization for strict-feedback canonical nonlinear systems via backstepping and small-gain approach. IEEE Transactions on Fuzzy Systems, 2005, 13:104-114.

[18] Arcak M, Teel A. Input-to-state stability for a class of Lurie systems. Automatica, 2002, 38: 1945-1949.

[19] Fridman E, Dambrine M, Yeganefar N. On input-to-state stability of systems with time-delay: A matrix inequalities approach. Automatica, 2008, 44:2364-2369.

[20] Chen W, Zheng W. Input-to-state stability for networked control systems via an improved impulsive system approach. Automatica, 2011, 47:789-796.

[21] Slotine J J E. Applied Nonlinear Control. Englewood Cliffs: Prentice Hall, 1991.

第13章 带有混合时间时滞的不同混沌神经网络系统的投影同步自适应控制设计

在过去几十年，神经网络由于自身的特点被广泛应用在多种不同领域中，如模式识别、静态图像处理和信号处理等[1-3]。在神经网络的许多实际工程应用中，时滞现象大量存在，因为在神经元的传输过程中，不可避免地出现时滞，由此导致整个系统的不稳定或性能变差，诸如出现混沌现象、不稳定、极限环和分岔等[4-8]。因此，研究带有时滞的神经网络系统具有重要的意义和价值。

众所周知，神经网络系统中出现最多的一个现象是混沌[9]，因此带有不同初始条件的相似混沌系统的驱动响应同步问题是一个值得研究的方向[10]，近年来关于这方面的研究引起了学者的关注，并出现了大量的研究成果。如在文献[9]和[11]中，采样数据控制被应用于带有时滞的驱动响应系统同步。文献[12]和[13]中，通过引入一个常数 α，研究了两个相似混沌系统的投影同步问题。基于前面大量对带有时滞的神经网络的投影同步的研究工作[14-16]，我们知道这些研究对象的缺点是都具有相同的参数和相同的动态性能。然而，在许多实际应用系统中，驱动系统和响应系统很多情况是不同的，这些控制方法不再适用。因此，设计一种控制器，使得对驱动系统和响应系统在相同和不同的情况下都能很好地达到理想的控制要求是很有必要的。对一种带有时滞的分数阶混沌系统的混合投影同步，文献[17]中给出了一种非线性控制器设计方法。文献[18]设计了一种积分滑模控制，使得带有不同混沌神经网络系统实现投影同步。在文献[19]中，对于不同步变量的时滞系统，基于Krasovskii-Lyapunov 稳定性理论，提出投影预期同步、投影滞后同步控制方法。然而这种方法的缺点是成本高，不适合工程实际应用。成本的高低是衡量一个控制器是否实用的重要标准，基于上面的讨论，考虑设计一种投影同步的自适应控制方法来降低成本，这是本章的主要研究内容。本章借助于 Krasovskii-Lyapunov 函数分析和线性矩阵不等式（linear matrix inequality，LMI）设计方法，给出一种带有时滞的神经网络混沌系统的驱动响应同步控制器设计方法，通过本章给出的一个充要条件，可以使得同步误差快速到达误差动态系统的平衡点来实现同步的目的。

13.1 问 题 描 述

考虑如下神经网络模型的驱动系统形式：

$$\dot{x}(t) = -C_1 x(t) + A_1 f_1(x(t)) + B_1 f_2(x(t-\tau_1)) + D_1 \int_{t-\tau_2}^{t} f_3(x(s)) \mathrm{d}s + J_1 \quad (13\text{-}1)$$

其中，$x(t) = (x_1(t), x_2(t), \cdots, x_n(t))^{\mathrm{T}} \in \mathbf{R}^n$ 代表驱动系统（13-1）的 n 维状态向量；$C_1 = \mathrm{diag}(c_1^1, c_2^1, \cdots, c_n^1)$ 是状态反馈的系统矩阵；$A_1 = (a_{ij}^1)_{n \times n}$ 代表连接权重矩阵；$B_1 = (b_{ij}^1)_{n \times n}$ 是离散时滞关联权重矩阵；$D_1 = (d_{ij}^1)_{n \times n}$ 是分布时滞连接权重矩阵；J_1 代表外部输入向量；$\tau_1 > 0$ 和 $\tau_2 > 0$ 代表传输时滞；$f_i(x(t)) = (f_{i1}x(t), f_{i2}x(t), \cdots, f_{in}x(t))^{\mathrm{T}}$ $(i = 1, 2, 3)$ 代表神经元的激活函数。$x_i(t) = \mu_i(t) \in C([-\tau_{\max}, 0], \mathbf{R})$ 是系统（13-1）的初始状态，其中 $C([-\tau_{\max}, 0], \mathbf{R})$ 代表所有区间从 $[-\tau_{\max}, 0]$ 到 $\mathbf{R}$ 上的连续函数的集合，$\tau_{\max} = \max[\tau_1, \tau_2]$。

响应系统为

$$\dot{z}(t) = -C_2 z(t) + A_2 g_1(z(t)) + B_2 g_2(z(t-\tau_1)) + D_2 \int_{t-\tau_2}^{t} g_3(z(s)) \mathrm{d}s + u(t) + J_2 \quad (13\text{-}2)$$

其中，$z(t) \in \mathbf{R}^n$ 是响应系统的状态向量；$g_i(z(t))$ 为神经元激活函数；$u(t)$ 是待设计的控制器。

定义 13.1　驱动系统（13-1）和响应系统（13-2）之间的投影同步误差定义为 $e(t) = z(t) - \alpha x(t)$，其中 $\alpha \neq 0$ 称为比例因子。

根据定义 13.1，误差动态系统可以改写成如下形式：

$$\dot{e}(t) = -C_2 e(t) + A_2 \varphi_1(e(t)) + B_2 \varphi_2(e(t-\tau_1)) + D_2 \int_{t-\tau_2}^{t} \varphi_3(e(s)) \mathrm{d}s + u(t) + \omega_1 \quad (13\text{-}3)$$

其中，$\omega_1 = \alpha[A_2 g_1(x(t)) - A_1 f_1(x(t))] + \alpha[B_2 g_2(x(t-\tau_1)) - B_1 f_2(x(t-\tau_1))] + \alpha(C_1 - C_2)x(t) + \alpha\left[D_2 \int_{t-\tau_2}^{t} g_3(x(s)) \, \mathrm{d}s - D_1 \int_{t-\tau_2}^{t} f_3(x(s)) \, \mathrm{d}s\right]$；$\varphi_i(e(t)) = g_i(z(t)) - \alpha g_i(x(t))$。

假设 13.1　存在正常数 F_{1i}、F_{2i}、F_{3i} 使得激活函数 f_i 满足如下的条件：

$$0 \leqslant \frac{f_{1i}(y_i) - f_{1i}(\overline{y}_i)}{y_i - \overline{y}_i} \leqslant F_{1i}, \quad 0 \leqslant \frac{f_{2i}(y_i) - f_{2i}(\overline{y}_i)}{y_i - \overline{y}_i} \leqslant F_{2i}$$

$$0 \leqslant \frac{f_{3i}(y_i) - f_{3i}(\overline{y}_i)}{y_i - \overline{y}_i} \leqslant F_{3i} \quad (13\text{-}4)$$

其中，$y_i, \overline{y}_i \in \mathbf{R}$。

引理 13.1[20]　对任一给定的正定矩阵 $D \in \mathbf{R}^{n \times n}$，一个常数 $\rho > 0$，向量函数 ω：$[0, \rho] \to \mathbf{R}^n$，则如下不等式成立：

$$\left(\int_0^{\rho} \omega(x)\mathrm{d}x\right)^{\mathrm{T}} D\left(\int_0^{\rho} \omega(x)\mathrm{d}x\right) \leqslant \rho \int_0^{\rho} \omega(x) D \omega(x) \mathrm{d}x \quad (13\text{-}5)$$

本书中的控制任务是设计自适应控制器 $u(t)$ 使得

$$\lim_{t \to \infty} \|e(t)\| = \lim_{t \to \infty} \|z(t) - \alpha x(t)\| = 0 \qquad (13\text{-}6)$$

其中，$\|\cdot\|$ 代表一个向量的 Euclidean 范数，式（13-6）意味着驱动系统（13-1）和响应系统（13-2）在控制器的作用下可以实现投影同步。

13.2　投影同步自适应控制器设计

带有时滞的自适应控制器为

$$u(t) = -K_1 \beta e(t) - K_2 \beta e(t - \tau_1) - K_3 \beta e(t - \tau_2) \qquad (13\text{-}7)$$

控制器中的自适应律为

$$\dot{\beta} = -2\delta \|P\| \cdot \|e(t)\| [\|K_1\| \cdot \|e(t)\| + \|K_2\| \cdot \|e(t - \tau_1)\| + \|K_3\| \cdot \|e(t - \tau_2)\|] \mathrm{sign}(\beta) - \pi$$

$$(13\text{-}8)$$

其中，$\mathrm{sign}(\beta) = \begin{cases} 1, & \beta > 0 \\ -1, & \beta \le 0 \end{cases}$；$\pi = 2\delta / \beta \|P\| \cdot \|e(t)\| \Big\{ \|K_1\| \cdot \|e(t)\| + \|K_2\| \cdot \|e(t - \tau_1)\| + \|K_3\| \cdot$

$\|e(t - \tau_2)\| + \|J_2 - \alpha J_1\| + \alpha [\|A_2\| \cdot \|g_1(x(t))\| + \|A_1\| \cdot \|f_1(x(t))\|] + \alpha \|C_1 - C_2\| \cdot \|x(t)\| + \alpha [\|B_2\| \cdot$

$\|g_2(x(t - \tau_1))\| + \|B_1\| \cdot \|f_2(x(t - \tau_1))\|] + \alpha \Big[\|D_2\| \cdot \Big\| \int_{t - \tau_2}^{t} g_3(x(s)) \mathrm{d}s \Big\| + \|D_1\| \cdot \Big\| \int_{t - \tau_2}^{t} f_3(x(s)) \mathrm{d}s \Big\| \Big] \Big\}$。

定理 13.1　在带有自适应律（13-8）的控制器（13-7）的控制作用下，如果存在正常数 m_1、m_2、m_3 和对称正定矩阵 P、Q、R、$S > m_3 F_3^\mathrm{T} F_3$ 以及一个常数矩阵 H，使得如下矩阵不等式成立，则误差系统（13-3）是全局渐近稳定的。

$$\Pi = \begin{pmatrix} \varDelta_1 & \varDelta_2 & \varDelta_3 & \varDelta_4 & \varDelta_5 & 0 & \varDelta_7 \\ * & \varDelta_{22} & 0 & 0 & 0 & 0 & 0 \\ * & * & \varDelta_{33} & 0 & 0 & 0 & 0 \\ * & * & * & \varDelta_{44} & 0 & 0 & 0 \\ * & * & * & * & \varDelta_{55} & 0 & 0 \\ * & * & * & * & * & \varDelta_{66} & 0 \\ * & * & * & * & * & * & \varDelta_{77} \end{pmatrix} < 0 \qquad (13\text{-}9)$$

其中，$\varDelta_1 = -2PC_1 - 2H_1 + Q + R + \tau_2 S + m_1 F_1^\mathrm{T} F_1$；$\varDelta_2 = -H_2$；$\varDelta_3 = -H_3$；$\varDelta_4 = PA_2$；$\varDelta_5 = PB_2$；$\varDelta_7 = PD_2$；$\varDelta_{22} = -Q + m_2 F_2^\mathrm{T} F_2$；$\varDelta_{33} = -R$；$\varDelta_{44} = -m_1 I$；$\varDelta_{55} = -m_2 I$；$\varDelta_{66} = -\tau_2^{-1} S + m_3 \tau_2^{-1} F_3^\mathrm{T} F_3$；$\varDelta_{77} = -m_3 \tau_2^{-1} I$。增益矩阵分别定义为 $K_1 = P^{-1} H_1$，$K_2 = P^{-1} H_2$，$K_3 = P^{-1} H_3$。

证明： 考虑如下定义的 Krasovskii-Lyapunov 函数：

$$V(t,e(t)) = V_1(t,e(t)) + V_2(t,e(t)) + V_3(t,e(t)) + V_4(t,e(t)) + \frac{1}{2\delta}\beta^2 \qquad (13\text{-}10)$$

其中，$V_1(t,e(t)) = e^{\mathrm{T}}(t)Pe(t)$；$V_2(t,e(t)) = \int_{t-\tau_1}^{t} e^{\mathrm{T}}(s)Qe(s)\,\mathrm{d}s$；$V_3(t,e(t)) = \int_{t-\tau_2}^{t} e^{\mathrm{T}}(s)Re(s)\,\mathrm{d}s$；

$V_4(t,e(t)) = \int_{\tau_2}^{0}\int_{t+s}^{t} e^{\mathrm{T}}(\eta)Se(\eta)\,\mathrm{d}\eta\,\mathrm{d}s$。

则函数 $V(t,e(t))$ 沿轨迹（13-3）的时间导数为

$$
\begin{aligned}
\dot{V}(t,e(t)) = {} & 2e^{\mathrm{T}}(t)P\Big\{-C_2e(t) + A_2\varphi_1(e(t)) + B_2\varphi_2(e(t-\tau_1)) + D_2\int_{t-\tau_2}^{t}\varphi_3(e(s))\,\mathrm{d}s \\
& -K_1e(t) - K_2e(t-\tau_1) - K_3e(t-\tau_2) + K_1e(t) + K_2e(t-\tau_1) + K_3e(t-\tau_2) \\
& +(J_2 - \alpha J_1) + \alpha[A_2g_1(x(t)) - A_1f_1(x(t))] - K_1\beta e(t) - K_2\beta e(t-\tau_1) \\
& -K_3\beta e(t-\tau_2) + \alpha(C_1 - C_2)x(t) + \alpha[B_2g_2(x(t-\tau_1)) - B_1f_2(x(t-\tau_1))] \\
& +\alpha\Big[D_2\int_{t-\tau_2}^{t} g_3(x(s))\,\mathrm{d}s - D_1\int_{t-\tau_2}^{t} f_3(x(s))\,\mathrm{d}s\Big]\Big\} + e^{\mathrm{T}}(t)Qe(t) \\
& -e^{\mathrm{T}}(t-\tau_1)Qe(t-\tau_1) + e^{\mathrm{T}}(t)Re(t) - e^{\mathrm{T}}(t-\tau_2)Re(t-\tau_2) \\
& +\tau_2 e^{\mathrm{T}}(t)Se(t) - \int_{t-\tau_2}^{t} e^{\mathrm{T}}(s)Se(s)\,\mathrm{d}s + \delta^{-1}\beta\dot{\beta} + \omega_2 \qquad (13\text{-}11)
\end{aligned}
$$

其中

$$
\begin{aligned}
\omega_2 = {} & 2e^{\mathrm{T}}(t)P\Big\{K_1e(t) + K_2e(t-\tau_1) + K_3e(t-\tau_2) - K_1\beta e(t) - K_2\beta e(t-\tau_1) \\
& -K_3\beta e(t-\tau_2) + (J_2 - \alpha J_1) + \alpha[A_2g_1(x(t)) - A_1f_1(x(t))] + \alpha(C_1 - C_2)x(t) \\
& +\alpha[B_2g_2(x(t-\tau_1)) - B_1f_2(x(t-\tau_1))]\frac{n!}{r!(n-r)!} \\
& +\alpha\Big[D_2\int_{t-\tau_2}^{t} g_3(x(s))\,\mathrm{d}s - D_1\int_{t-\tau_2}^{t} f_3(x(s))\,\mathrm{d}s\Big]\Big\}
\end{aligned}
$$

此外，根据式（13-4），对任意给定的正常数 m_1、m_2 和 m_3，可以得到如下的不等式：

$$-m_1[\varphi_1^{\mathrm{T}}(e(t))\varphi_1(e(t)) - e^{\mathrm{T}}(t)F_1^{\mathrm{T}}F_1e(t)] \geqslant 0 \qquad (13\text{-}12)$$

$$-m_2[\varphi_2^{\mathrm{T}}(e(t-\tau_1))\varphi_2(e(t-\tau_1)) - e^{\mathrm{T}}(t-\tau_1)F_2^{\mathrm{T}}F_2e(t-\tau_1)] \geqslant 0 \qquad (13\text{-}13)$$

$$-m_3\Big[\int_{t-\tau_2}^{t}\varphi_3^{\mathrm{T}}(e(s))\varphi_3(e(s))\,\mathrm{d}s - \int_{t-\tau_2}^{t}\varphi_3^{\mathrm{T}}(e(s))F_3^{\mathrm{T}}F_3(e(s))\,\mathrm{d}s\Big] \geqslant 0 \qquad (13\text{-}14)$$

其中，$F_1 = \mathrm{diag}(F_{11},\cdots,F_{1n})$；$F_2 = \mathrm{diag}(F_{21},\cdots,F_{2n})$；$F_3 = \mathrm{diag}(F_{31},\cdots,F_{3n})$。

从式（13-12）～（13-14）可以看出，式（13-11）可以重新写成

$$\dot{V}(t,e(t)) = e^{\mathrm{T}}(t)(-2PC_2 - 2PK_1 + Q + R + \tau_2 S)e(t) - 2e^{\mathrm{T}}(t)PK_2 e(t-\tau_1)$$

$$-2e^{\mathrm{T}}(t)PK_3 e(t-\tau_2) + 2e^{\mathrm{T}}(t)PA_2\varphi_1(e(t)) + 2e^{\mathrm{T}}(t)PB_2\varphi_2(e(t-\tau_1))$$

$$-e^{\mathrm{T}}(t-\tau_1)Qe(t-\tau_1) - e^{\mathrm{T}}(t-\tau_2)Re(t-\tau_2) + 2e^{\mathrm{T}}(t)PD_2\int_{t-\tau_2}^{t}\varphi_3(e(s))\mathrm{d}s$$

$$-m_1\varphi_1^{\mathrm{T}}(e(t))\varphi_1(e(t)) + m_1 e^{\mathrm{T}}(t)F_1^{\mathrm{T}}F_1 e(t) - m_2\varphi_2^{\mathrm{T}}(e(t-\tau_1))\varphi_1(e(t-\tau_1))$$

$$+m_2 e^{\mathrm{T}}(t-\tau_1)F_2^{\mathrm{T}}F_2 e(t-\tau_1) + \omega_2 + \delta^{-1}\beta\dot{\beta} - m_3\tau_2^{-1}\left(\int_{t-\tau_2}^{t}\varphi_3(e(s))\mathrm{d}s\right)^{\mathrm{T}}$$

$$\left(\int_{t-\tau_2}^{t}\varphi_3(e(s))\mathrm{d}s\right) + \int_{t-\tau_2}^{t}e^{\mathrm{T}}(s)(m_3 F_3^{\mathrm{T}}F_3 - S)e(s)\mathrm{d}s \qquad (13\text{-}15)$$

由引理 13.1 和定理 13.1，可以得到

$$\int_{t-\tau_2}^{t}e^{\mathrm{T}}(s)(m_3 F_3^{\mathrm{T}}F_3 - S)e(s)\mathrm{d}s$$

$$\leqslant -\frac{1}{\tau_2}\left(\int_{t-\tau_2}^{t}e^{\mathrm{T}}(s)\mathrm{d}s\right)^{\mathrm{T}}(S - m_3 F_3^{\mathrm{T}}F_3)\left(\int_{t-\tau_2}^{t}e^{\mathrm{T}}(s)\mathrm{d}s\right) \qquad (13\text{-}16)$$

从式（13-15）和式（13-16）知，如果记

$$\zeta^{\mathrm{T}}(t) =$$

$$\left(e^{\mathrm{T}}(t), e^{\mathrm{T}}(t-\tau_1), e^{\mathrm{T}}(t-\tau_2), \varphi_1^{\mathrm{T}}(e(t)), \varphi_1^{\mathrm{T}}(e(t-\tau_1)), \left(\int_{t-\tau_2}^{t}e(s)\mathrm{d}s\right)^{\mathrm{T}}, \left(\int_{t-\tau_2}^{t}\varphi_3(e(s))\mathrm{d}s\right)^{\mathrm{T}}\right)^{\mathrm{T}}$$

则式（13-15）可以变成如下形式：

$$\dot{V}(t,e(t)) \leqslant \zeta^{\mathrm{T}}(t)\Pi\zeta(t) + \omega_2 + \delta^{-1}\beta\dot{\beta} \qquad (13\text{-}17)$$

根据自适应律（13-8）、（13-9），如下不等式成立：

$$\dot{V}(t,e(t)) \leqslant \zeta^{\mathrm{T}}(t)\Pi\zeta(t) \qquad (13\text{-}18)$$

由 Krasovskii-Lyapunov 稳定性定理，误差动态系统（13-3）是全局渐近稳定的。定理 13.1 证明完毕。

注 13.1　如果函数 $f_i(\cdot) = g_i(\cdot)$ $(i=1,2,\cdots,n)$，则系统（13-1）和系统（13-2）是一致的，两个相同混合时滞混沌神经网络的投影同步问题可以用定理 13.1 实现。

注 13.2　当 $\alpha = 1$ 时，驱动系统（13-1）和响应系统（13-2）的同步为投影同步，当 $\alpha = -1$ 时，驱动系统（13-1）和响应系统（13-2）的同步为反同步。

13.3　数 值 算 例

在本节中，由具体的例子仿真来说明所设计控制器的有效性。驱动系统（13-1）

和响应系统（13-2）中的参数选为

$$C_1 = C_2 = \begin{pmatrix} 1 & 0 \\ 0 & 1 \end{pmatrix}, \quad A_1 = \begin{pmatrix} 2 & -0.1 \\ -5 & 4.5 \end{pmatrix}, \quad A_2 = \begin{pmatrix} 1.7 & 20 \\ 0.1 & 1.7 \end{pmatrix}$$

$$B_1 = \begin{pmatrix} -1.5 & -0.1 \\ -0.2 & -4 \end{pmatrix}, \quad J_1 = J_2 = 0$$

$$B_2 = \begin{pmatrix} -1.4 & 0.1 \\ 0.1 & -1.4 \end{pmatrix}, \quad D_1 = D_2 = \begin{pmatrix} -0.3 & 0.1 \\ 0.1 & -0.2 \end{pmatrix}$$

$$\tau_1 = 1, \quad \tau_2 = 0.2, \quad f_j(x_i(t)) = \tanh(x_i(t))$$

$$g_j(z_i(t)) = \frac{1}{2} \big(|z_i(t) + 1| - |z_i(t) - 1| \big) \quad (i = 1, 2; j = 1, 2, 3)$$

在采用开环控制下，驱动系统（13-1）和响应系统（13-2）的初始状态分别选为 $x(t) = (0.01, 0.01)^T$ 和 $z(t) = (0.9, 0.6)^T$，$t \in [-1, 0]$，仿真结果如图 13-1～图 13-3 所示。

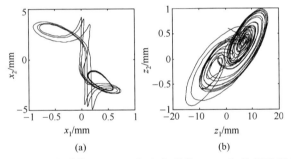

(a)　　　　　　　　　　　(b)

图 13-1　驱动系统（13-1）和响应系统（13-2）的混沌现象

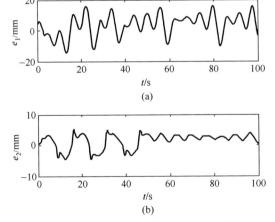

图 13-2　无控制下的误差系统（13-3）的时间响应（$\alpha = 1$）

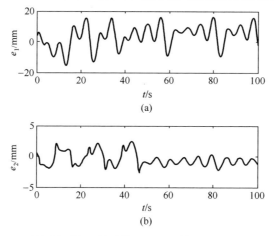

图 13-3　无控制下的误差系统（13-3）的时间响应（$\alpha=-1$）

现在，考虑采用带有自适应律（13-8）的控制器（13-7），且自适应律的初始值选为 $\beta(0)=0.8$，参数选为 $\delta=0.006$；式（13-9）中的参数选取为 $m_1=0.1$，$m_2=0.2$，$m_3=0.5$，矩阵 $H_1=\begin{bmatrix}-60 & 0 \\ 0 & -60\end{bmatrix}$，$H_2=\begin{bmatrix}-5 & 0 \\ 0 & -5\end{bmatrix}$，$H_3=\begin{bmatrix}-4 & 0 \\ 0 & -4\end{bmatrix}$。采用 LMI 方法解不等式（13-9）可得 $P=\begin{bmatrix}0.0157 & -0.0501 \\ -0.0501 & 0.6054\end{bmatrix}$。增益矩阵为 $K_1=\begin{bmatrix}-5179.1 & -428.7 \\ -428.7 & -134.6\end{bmatrix}$，$K_2=\begin{bmatrix}-431.5934 & -35.7239 \\ -35.7239 & -11.2156\end{bmatrix}$，$K_3=\begin{bmatrix}-345.2747 & -28.5791 \\ -28.5791 & -8.9725\end{bmatrix}$。当 $\alpha=1$ 时，相应的仿真结果如图 13-4 和图 13-5 所示。

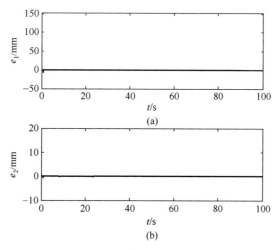

图 13-4　误差系统（13-3）的状态时间响应（$\alpha=1$）

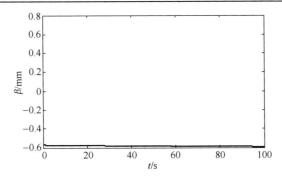

图 13-5　控制器（13-7）中的自适应律 β 的时间响应（$\alpha = -1$）

如果选取 $\alpha = -1$，则响应的仿真结果如图 13-6 和图 13-7 所示。

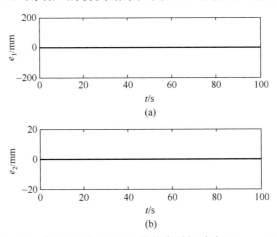

图 13-6　误差系统（13-3）的状态时间响应（$\alpha = -1$）

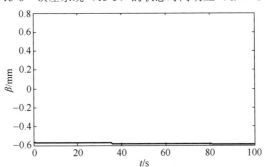

图 13-7　控制器（13-7）中的自适应律 β 的时间响应（$\alpha = -1$）

从图 13-4 和图 13-6 可以看出，带有控制器（13-7）的作用下，误差可以快速地到达平衡点。响应的控制器中的参数自适应律是有界的，由此可以说明，本章所设计的自适应状态反馈控制器具有较好的控制效果。

13.4　本 章 小 结

本章给出一种自适应状态反馈控制器设计方法。基于 Krasovskii-Lyapunov 函数和结合 LMI 方法，给出一种自适应状态反馈控制器设计方法。该控制器设计方法可以使得驱动响应系统快速实现投影同步。

参 考 文 献

[1] Arik S. Stability analysis of delayed neural networks. IEEE Transactions on Circuits and Systems, 2000, 47:1089-1092.

[2] Arik S. Global asymptotic stability of a class of dynamical networks. IEEE Transactions on Circuits and Systems, 2000, 47:568-571.

[3] Gupta M M, Jin L, Homma N. Static and Dynamic Neural Networks: From Fundamentals to Advanced Theory. New York: Wiley, 2003.

[4] Ju H P, Kwon O M. On improved delay-dependent criterion for global stability of bidirectional associative memory neural networks with time-varying delays. Applied Mathematics and Computation, 2008, 199:435-446.

[5] Zhang T, Shi X, Chu Q, et al. Adaptive neural tracking control of pure-feedback nonlinear systems with unknown gain signs and unmodeled dynamics. Neurocomputing, 2013, 121:290-297.

[6] Hua C, Yu C, Guan C. Neural network observer-based networked control for a class of nonlinear systems. Neurocomputing, 2014, 133:103-110.

[7] Wu Z G, Park J H. Synchronization of discrete-time neural networks with time delays subject to missing data. Neurocomputing, 2013, 122:418-424.

[8] Wu Z. Complex hybrid synchronization of complex-variable dynamical network via impulsive control. International Journal for Light and Electron Optics, 2015, 126: 2010-2114.

[9] Wu Z G, Shi P, Su H, et al. Stochastic synchronization of Markovian jump neural networks with time-varying delay using sampled-data. IEEE Transactions on Cybernetics, 2013, 43:1796-1806.

[10] Pecora L M, Carroll T L. Synchronization in chaotic systems. Physical Review Letters, 1990, 64:821-824.

[11] Wu Z G, Shi P, Su H, et al. Sampled-data synchronization of chaotic Lur'e systems with time delays. IEEE Transactions on Neural Networks and Learning Systems, 2013, 24:410-421.

[12] Gonzalez-Miranda J M. Amplification and displacement of chaotic attractors by means of unidirectional chaotic driving. Physical Review E, 1998, 57:7321-7324.

[13] Mainieri R, Rehacek J. Projective synchronization in three-dimensional chaotic systems. Physical

Review Letters, 1999, 82:3042-3045.

[14] Cai N, Jing Y W, Zhang S Y. Modified projective synchronization of chaotic systems with disturbances via active sliding mode control. Communications in Nonlinear Science and Numerical Simulation, 2010, 15:1613-1620.

[15] Zhang D, Xu J. Projective synchronization of different chaotic time-delayed neural networks based on integral sliding mode controller. Applied Mathematics and Computation, 2010, 217:164-174.

[16] Chen S, Cao J D. Projective synchronization of neural networks with mixed time-varying delays and parameter mismatch. Nonlinear Dynamics, 2012, 67:1397-1406.

[17] Wang S, Yu Y, Wen G. Hybrid projective synchronization of time-delayed fractional order chaotic systems. Nonlinear Analysis: Hybird Systems, 2014, 11:129-138.

[18] Shi Y, Zhu P, Qin K. Projective synchronization of different chaotic neural networks with mixed time delays based on an integral sliding mode controller. Neurocomputing, 2014, 123: 443-449.

[19] Feng C F, Guo J Y, Tan Y R. Various projective synchronization phenomena in two different variable time-delayed systems related to optical bistable devices. International Journal for Light and Electron Optics, 2015, 126: 503-506.

[20] Gu K, Kharitonov V L, Chen J. Stability of Time-Delay Systems. Boston: Birkhauser, 2003.

第 14 章　一类不确定非线性离散系统的

模糊自适应控制器设计

　　模糊逻辑系统与神经网络系统具有的万能逼近性质对非线性系统中的不确定项处理具有举足轻重的作用[1-5]。近年来，采用神经网络控制器与模糊自适应控制的设计方法得到了众多学者的关注[6-18]。在文献[6]、[10]～[18]中，模糊自适应控制器设计的特点是将被逼近的未知项表示成某些模糊基函数的线性组合形式，然后利用自适应技术估计基函数的线性组合系数和逼近精度来设计自适应控制器，因此采用这类方法的结论是自适应参数的多少完全由模糊规则的数目决定。而对于模糊逻辑系统而言，大量模糊规则会导致太多的在线调节自适应参数，这类设计方法将会使得系统的控制过程发生延迟继而产生失控现象。

　　在如何减少模糊自适应控制中的在线调节参数的问题上，文献[19]～[22]采用向量范数把模糊逻辑系统的输出后件参数归一化来减少自适应参数的数目，但是这种方法的缺点是模糊逻辑系统的输入变量的数目会增多。文献[23]提出广义模糊双曲正切模型，该模型的模糊规则中每个模糊变量的模糊集简化为两个，且在每个模糊规则的输出部分省略了输入变量，这使得模糊规则减少的同时，在线调节自适应参数的数量也相应地减少，并对一类带有控制方向未知和反对象滞后的多输入多输出系统的自适应预定义控制器设计问题，给出一种基于广义模糊双曲正切模糊自适应控制方法[24]，但是这种模糊模型对系统的描述能力变差。这些已有研究成果中，自适应律的构造是建立在模糊逻辑系统的输出具有线性化参数的基础上，而对于其他不能表示成基函数的多种不同形式的模糊逻辑系统，如非规则的"推理模糊逻辑系统"[25]、"三 I 形式的模糊逻辑系统"[26] 和"正规模糊逻辑系统"[27]，上述文献所给出的控制方法就无能为力。由此分析可知，有必要进一步研究其他的理论方法。

　　在离散系统的模糊自适应控制器设计过程中，难点之一体现在被控系统中非线性函数的状态需要事先假设落入一有界集中才能满足模糊逻辑系统逼近的假设条件[28]，但在许多实际控制中这一假设事先并不能被保证。文献[29]引入带有参数的伸缩器和饱和器，加载在普通模糊逻辑系统的两端来改造模糊逻辑系统，通过理论分析，提出模糊自适应控制器设计方法，大大改善了其他文献中的缺陷，但是仅对连续系统作了分析。由于在分析方法和所得结果上，离散系统和连续系统有着本质的不同[30]，其主要体现在离散时间的 Lyapunov 函数不再具备连续时间 Lyapunov 函数的某种线性，因此导致离散系统和连续系统的所得结果不同。而且当今的控制器大都是采用计算机来实现，因此如何设计不确定离散系统的模糊自适应控制也是值得深入研究的问题。

综合以上分析，作为解决上述问题的一个尝试，本书探索如何在引入伸缩器和饱和器的模糊逻辑系统中，为一类不确定离散系统设计模糊自适应控制器，使得设计控制器的在线参数调节律独立于模糊逻辑系统的输出形式，实现减少在线调节参数的数目，同时保证模糊逻辑系统的语言可解释性，并通过仿真验证所给方法的有效性。

14.1　系统与预备知识

14.1.1　系统描述与假设

考虑如下形式的离散时间非线性系统：

$$\begin{cases} x_1(k+1) = x_2(k) \\ x_2(k+1) = x_3(k) \\ \quad\vdots \\ x_{n-1}(k+1) = x_n(k) \\ x_n(k+1) = f(x(k)) + g(x(k))u(k) + \tau_d(k) \\ y(k) = x_1(k) \end{cases} \tag{14-1}$$

其中，$x(k) = [x_1(k), x_2(k), \cdots, x_n(k)]^{\mathrm{T}} \in \mathbf{R}^n$ 为状态向量，且完全可测；非线性函数 $f(k)$ 和 $g(k)$ 是未知的；$u(k) \in \mathbf{R}$ 代表控制输入；$\tau_d(k)$ 代表外界干扰，并满足 $|\tau_d(k)| \leq \overline{\tau}$，$\overline{\tau}$ 为已知的常数；$y(k) \in \mathbf{R}$ 为系统的输出。

对一给定的理想跟踪信号 $y_d(k)$，跟踪误差定义为 $e(k) = e_1(k) = y(k) - y_d(k)$，令误差向量 $E(k) = [e_1(k), e_2(k), \cdots, e_n(k)]^{\mathrm{T}}$，其中 $e_i(k) = x_i(k) - y_d(k+i-1)$ $(i = 1, 2, \cdots, n)$。假设误差向量是可以测量的，则系统（14-1）可以写成如下形式：

$$E(k+1) = AE(k) + B[f(x(k)) + g(x(k))u(k) - y_d(k+n) + \tau_d(k)] \tag{14-2}$$

其中，矩阵 $A = \begin{bmatrix} O & I_{n-1} \\ 0 & O^{\mathrm{T}} \end{bmatrix}$；$B = [O^{\mathrm{T}} \quad 1]^{\mathrm{T}}$。$O$ 代表元素全部为 0 的 $n-1$ 阶列向量。控制器 $u(k)$ 是根据下面的控制目标设计的。

控制目标：①设计控制器 $u(k)$ 使得系统（14-1）的输出 $y(k)$ 和跟踪期望信号 $y_d(k)$ 之间的跟踪误差收敛到零的一个小邻域内；②闭环系统的所有信号保持半全局一致有界。

假设 14.1　（1）未知非线性函数 $f(x(k))$ 满足有界条件，即在 $x(k) \in \mathbf{R}^n$ 上，满足 $|f(x(k))| \leq \overline{f}$，$\overline{f}$ 是已知的正常数。

（2）未知非线性函数 $g(x(k))$ 是有界的，即存在已知常数 $\underline{g}>0$，$\bar{g}>0$，使得 $\underline{g}\leqslant|g(x(k))|\leqslant\bar{g}$ 成立。

假设 14.2　参考信号 $y_d(k)$ 是光滑有界的，并满足 $|y_d(k)|\leqslant\bar{y}_d$，$\bar{y}_d$ 为已知的正常数。

本书中，因为非线性函数 $f(x(k))$ 未知，需要采用模糊逻辑系统来逼近，首先给出如下假设。

假设 14.3[25]　对 $\forall X$，$Y\in\mathbf{R}^n$，非线性函数 $f(x(k))$ 满足如下 Lipschitz 条件：

$$\|f(X)-f(Y)\|\leqslant L\|X-Y\| \tag{14-3}$$

其中，$L>0$ 称为函数 $f(x(k))$ 的 Lipschitz 常数。

注 14.1　在大多数文献中，对于已知函数 $f(x(k))$，其 Lipschitz 常数 L 在仿真中可以通过求函数在定义域上微分值的上界值[31-32]，但在本书中，非线性函数 $f(x(k))$ 未知，此常数不能通过求微分值获得，所以在实际工程应用中，对于未知非线性函数的 Lipschitz 参数值 L 一般不容易获得，假设此参数未知，考虑设计关于此参数的自适应律来解决参数难以获得的问题。

14.1.2　模糊逻辑系统

本书中，采用如下带 p 条 If-Then 规则形式的 Mamdani 型模糊逻辑系统，其中第 1 条规则为

$$R^{(l)}:\text{If } x_1 \text{ is } \phi_1^{(l)} \text{ and } x_2 \text{ is } \phi_2^{(l)} \text{ and } \cdots \text{ and } x_n \text{ is } \phi_n^{(l)},$$
$$\text{Then } y_f \text{ is } y_f^{(l)},\ l=1,\ 2,\ \cdots,\ p \tag{14-4}$$

其中，$\phi_i^{(l)}$ 为第 l 条规则中 x_i 对应的模糊子集；$y_f^{(l)}$ 为第 l 条规则的输出。

如果采用单点模糊化、直积运算与加权平均法解模糊化，则含有规则（14-4）的模糊逻辑系统的输出为

$$y_f(x)=\frac{\sum_{l=1}^{p}y_f^l\left(\prod_{i=1}^{n}\mu_{F_i^j}(x_i)\right)}{\sum_{l=1}^{p}\prod_{i=1}^{n}\mu_{F_i^j}(x_i)} \tag{14-5}$$

引理 14.1[5]　对于任意定义在紧致集 U 上的连续函数 $\varphi(x)$ 及任意 $\varepsilon>0$，总存在形如式（14-5）的模糊逻辑系统 $F(x)$，使得

$$\sup_{x\in U}|\varphi(x)-F(x)|\leqslant\varepsilon \tag{14-6}$$

在式（14-6）中引入一个非零时变参数 $\rho=\rho(k)$ 可得

$$y_f\left(\frac{x}{\rho}\right)=\frac{\sum_{l=1}^{p}y_f^l\left(\prod_{i=1}^{n}\mu_{F_i^l}\left(\frac{x_i}{\rho}\right)\right)}{\sum_{l=1}^{p}\prod_{i=1}^{n}\mu_{F_i^l}\left(\frac{x_i}{\rho}\right)}\qquad(14\text{-}7)$$

注 14.2　时变参数 $\rho(k)$ 的变化会影响整个模糊逻辑系统的输出，因此可以通过调整时变参数 $\rho(k)$ 使系统的输出按照期望的目的变化。

本书的控制目的是设计控制器 $u(k)$ 使得闭环系统（14-2）中的所有信号一致有界，因此采用形如式（14-7）的自适应模糊控制器来完成控制任务。

根据引理 14.1，得出下面的逼近引理 14.2。

引理 14.2　在紧致域 $U\in\mathbf{R}^n$ 上满足 Lipschitz 条件的离散不确定函数 $\varphi(x(k))$，其中 Lipschitz 常数为 ϑ（未知），如果存在一个模糊逻辑系统 $F(x(k))$ 使得引理 14.1 成立，则在紧致域 $\tilde{V}=\{E(k)\big|\|E(k)\|\leqslant\alpha|\rho(k)|,E(k)\in\mathbf{R}^n\}$ 上，如下逼近性质成立：

$$\sup\left|\varphi(x(k))-F\left(\frac{x(k)}{\rho(k)}\right)\right|\leqslant\alpha\vartheta(k)|\rho(k)-1|+\varepsilon\qquad(14\text{-}8)$$

证明：　由于函数 $\varphi(x(k))$ 满足 Lipschitz 条件，所以 $\left|\varphi(x(k))-\varphi\left(\dfrac{x(k)}{\rho(k)}\right)\right|\leqslant$

$\vartheta\left\|x(k)-\dfrac{x(k)}{\rho(k)}\right\|$ 成立，令 $\tilde{y}_d(k)=[y_d(k),y_d(k+1),\cdots,y_d(k+n-1)]^{\mathrm{T}}$，在紧致域 $\{E(k)\big|$

$\|E(k)\|\leqslant\alpha|\rho(k)|,E(k)\in\mathbf{R}^n\}$ 上，有 $\|x(k)\|\leqslant\|E(k)\|+\|\tilde{y}_d(k)\|\leqslant\alpha|\rho(k)|+\overline{y}_d\sqrt{n}$ 成立。

$$\left|\varphi(x(k))-F\left(\frac{x(k)}{\rho(k)}\right)\right|=\left|\varphi(x(k))-\varphi\left(\frac{x(k)}{\rho(k)}\right)+\varphi\left(\frac{x(k)}{\rho(k)}\right)-F\left(\frac{x(k)}{\rho(k)}\right)\right|$$

$$\leqslant\left|\varphi(x(k))-\varphi\left(\frac{x(k)}{\rho(k)}\right)\right|+\left|\varphi\left(\frac{x(k)}{\rho(k)}\right)-F\left(\frac{x(k)}{\rho(k)}\right)\right|$$

$$\leqslant\vartheta\left\|x(k)-\frac{x(k)}{\rho(k)}\right\|+\left|\varphi\left(\frac{x(k)}{\rho(k)}\right)-F\left(\frac{x(k)}{\rho(k)}\right)\right|$$

$$=\vartheta\|x(k)\|\cdot\left|1-\frac{1}{\rho(k)}\right|+\varepsilon\leqslant\vartheta\left|1-\frac{1}{\rho(k)}\right|\cdot(\alpha|\rho(k)|+\overline{y}_d\sqrt{n})+\varepsilon\quad(14\text{-}9)$$

引理 14.2 证毕。

由以上分析，可得如下不等式成立：

$$\left|\Delta(x(k))-F\left(\frac{E(k)}{\rho(k)}\right)\right|\leqslant L\left|1-\frac{1}{\rho(k)}\right|\cdot(\alpha|\rho(k)|+\overline{y}_d\sqrt{n})+N\qquad(14\text{-}10)$$

其中，$\Delta(x(k)) = \dfrac{\overline{g}}{g(x(k))} f(x(k))$；$L$ 为 Lipschitz 常数；N 为逼近误差。

注 14.3　从式（14-10）可知，改造后带有参数的模糊逻辑系统，其逼近精度可以通过参数值 α 和 $\rho(k)$ 来实现，使得逼近精度不再受传统方法中的模糊规则数目的约束，且该方法不再受限于传统模糊逻辑系统的输出形式。

记 $\hat{L}(k)$ 和 $\hat{N}(k)$ 分别为 L 和 N 估计值，则估计误差记为 $\tilde{L}(k) = \hat{L}(k) - L(k)$ 和 $\tilde{N}(k) = \hat{N}(k) - N(k)$。

14.2　系统模糊自适应控制器设计

针对控制目标，本节中给出如下模糊自适应控制器设计形式：

$$u(k) = \begin{cases} 0, & \|E(k)\| > \alpha|\rho(k)| \\ -\dfrac{1}{\overline{g}} F\left(\dfrac{E(k)}{\rho(k)}\right), & \|E(k)\| \leqslant \alpha|\rho(k)| \end{cases} \quad （14\text{-}11）$$

自适应律为

$$\rho(k+1) = \begin{cases} \left(-\dfrac{2(\lambda + \pi_1)}{\alpha^2} + \rho^2(k)\right)^{1/2}, & \|E(k)\| > \alpha|\rho(k)| \\ \left(\rho^2(k) - \gamma\pi_2\right)^{1/2}, & \|E(k)\| \leqslant \alpha|\rho(k)| \end{cases} \quad （14\text{-}12）$$

$$\hat{L}(k+1) = \begin{cases} 0, & \|E(k)\| > \alpha|\rho(k)| \\ (1-\mu)\hat{L}(k) + \mu\phi_1, & \|E(k)\| \leqslant \alpha|\rho(k)| \end{cases} \quad （14\text{-}13）$$

$$\hat{N}(k+1) = \begin{cases} 0, & \|E(k)\| > \alpha|\rho(k)| \\ (1-\sigma)\hat{N}(k) + \sigma\phi_2, & \|E(k)\| \leqslant \alpha|\rho(k)| \end{cases} \quad （14\text{-}14）$$

其中，$\pi_1 = \dfrac{1}{2}\|A\|^2 \cdot \|E(k)\|^2 + \dfrac{1}{2}\|B\|^2\left[(\overline{f})^2 + (\overline{y}_d)^2 + \overline{\tau}^2\right] + \|B\|(\overline{f}\cdot\overline{y}_d + \overline{f}\cdot\overline{\tau} + \overline{y}_d\cdot\overline{\tau}) + \|A\|\cdot\|B\|\cdot\|E(k)\|(\overline{f} + \overline{y}_d + \overline{\tau})$；$\pi_2 = (\overline{\tau} + \overline{y}_d)^2\left[\alpha|\rho(k) - 1| + 2(\overline{\tau} + \overline{y}_d) + \overline{y}_d\sqrt{n}\left|1 - \dfrac{1}{\rho(k)}\right|\right] - \mu\phi_1\hat{L}(k) + 2(\overline{\tau} + \overline{y}_d)(1-\sigma)\hat{N}(k)$；$\phi_1 = 2(\overline{\tau} + \overline{y}_d)\left[\alpha|\rho(k) - 1| + \overline{y}_d\sqrt{n}\left|1 - \dfrac{1}{\rho(k)}\right|\right]$；$\phi_2 = (\overline{\tau} + \overline{y}_d)$；

参数 λ、α、γ、μ、σ 均为设计的正实数。

定理 14.1　若假设 14.1～假设 14.3 成立，系统（14-1）在控制器（14-11）及自适应律（14-12）～（14-14）的作用下，输出信号和跟踪信号的误差可以收敛到零的一个小邻域内，且闭环系统中的所有信号是半全局一致终极有界的。

　　证明： 下面分为两种情况设计控制器。

　　情形（1）：$\|E(k)\| > \alpha|\rho(k)|$。

　　在此情形下，采用开环控制器 $u(k) = 0$，并令 $s(k) = \|E(k)\| - \alpha|\rho(k)| + \eta^{-1}\tilde{L}^2(k)$
$+\delta^{-1}\tilde{N}^2(k)$，很明显 $s(k) > 0$，考虑正定函数 $\bar{V}(k) = \dfrac{1}{2}s^2(k)$，则函数 $\bar{V}(k)$ 的微分为

$$\Delta\bar{V}(k) = \frac{1}{2}[s^2(k+1) - s^2(k)] \tag{14-15}$$

$\tilde{L}(k+1) = 0$，$\tilde{N}(k+1) = 0$，则

$$\begin{aligned}
s^2(k+1) &= A^2 E^2(k) + B^2 f^2(x(k)) + B^2 y_d^2(k+n) + B^2 \tau_d^2(k) \\
&\quad -2Bf(x(k))y_d(k+n) + 2Bf(x(k))\tau_d(k) - 2By_d(k+n)\tau_d(k) \\
&\quad +2AE(k)B[f(x(k)) - y_d(k+n) + \tau_d(k)] + \alpha^2\left(\rho(k+1)\right)^2 \\
&\quad -2\alpha|\rho(k+1)| \cdot \|E(k+1)\|
\end{aligned} \tag{14-16}$$

有如下不等式成立：

$$\begin{aligned}
\Delta\bar{V}(k) &\leq \frac{1}{2}\|A\|^2 \cdot \|E(k)\|^2 + \frac{1}{2}\|B\|^2[(\bar{f})^2 + (\bar{y}_d)^2 + \bar{\tau}^2] + \|B\|(\bar{f}\cdot\bar{y}_d + \bar{f}\cdot\bar{\tau} + \bar{y}_d\cdot\bar{\tau}) \\
&\quad + \|A\|\cdot\|B\|\cdot\|E(k)\|(\bar{f} + \bar{y}_d + \bar{\tau}) + \frac{1}{2}\alpha^2\rho^2(k+1) - \frac{1}{2}\alpha^2\rho^2(k) = -\lambda
\end{aligned} \tag{14-17}$$

由式（14-12）知 $\Delta\bar{V}(k) < 0$，这就意味着系统（14-2）在有限时间内可以到达滑模面 $s(k) = 0$[33]。

　　情形（2）：$\|E(k)\| \leq \alpha|\rho(k)|$。

　　步骤 1：定义跟踪误差 $\xi_1(k) = x_1(k) - y_d(k)$，选取 Lyapunov 方程为

$$V_1(k) = \frac{1}{g}\xi_1^2(k) \tag{14-18}$$

则式（14-18）的微分为

$$\begin{aligned}
\Delta V_1(k) &= V_1(k+1) - V_1(k) = \frac{1}{g}[\xi_1^2(k+1) - \xi_1^2(k)] = -\frac{1}{g}\xi_1^2(k) + \frac{1}{g}[x_2(k) - y_d(k+1)]^2 \\
&= -\frac{1}{g}\xi_1^2(k) + \frac{1}{g}[\xi_2(k) + \beta_1(k) - y_d(k+1)]^2
\end{aligned} \tag{14-19}$$

其中，$\xi_2(k) = x_2(k) - \beta_1(k)$，$\beta_1(k)$ 为实际控制信号，如果令 $\beta_1(k) = y_d(k+1)$，则可得

$$\Delta V_1(k) = -\frac{1}{g}\xi_1^2(k) + \frac{1}{g}\xi_2^2(k) \tag{14-20}$$

步骤 2：选取 Lyapunov 函数为

$$V_2(k) = V_1(k) + \frac{1}{g}\xi_2^2(k) \qquad (14\text{-}21)$$

则式（14-21）沿式（14-20）的微分为

$$\Delta V_2(k) = \Delta V_1(k) + \frac{1}{g}[\xi_2^2(k+1) - \xi_2^2(k)]$$

$$= -\frac{1}{g}\xi_1^2(k) + \frac{1}{g}\xi_2^2(k) + \frac{1}{g}\xi_2^2(k+1) - \frac{1}{g}\xi_2^2(k)$$

$$= -\frac{1}{g}\xi_1^2(k) + \frac{1}{g}[x_2(k+1) - \beta_1(k+1)]^2$$

$$= -\frac{1}{g}\xi_1^2(k) + \frac{1}{g}[\xi_3(k) + \beta_2(k) - \beta_1(k+1)]^2 \qquad (14\text{-}22)$$

其中，$\xi_3(k) = x_3(k) - \beta_2(k)$，$\beta_2(k)$ 为实际控制信号，令 $\beta_2(k) = \beta_1(k+1) = y_d(k+2)$，则有

$$\Delta V_2(k) = -\frac{1}{g}\xi_1^2(k) + \frac{1}{g}\xi_3^2(k) \qquad (14\text{-}23)$$

步骤 i：当 $2 \leqslant i \leqslant n-1$ 时，令 $\xi_i(k) = x_i(k) - \beta_{i-1}(k)$，$\beta_i(k) = y_d(k+i)$，选择如下 Lyapunov 函数：

$$V_i(k) = V_{i-1}(k) + \frac{1}{g}\xi_i^2(k) \qquad (14\text{-}24)$$

式（14-24）的导数为

$$\Delta V_i(k) = \Delta V_{i-1}(k) + \frac{1}{g}\xi_i^2(k+1) - \frac{1}{g}\xi_i^2(k)$$

$$= -\frac{1}{g}\xi_1^2(k) + \frac{1}{g}\xi_i^2(k) - \frac{1}{g}\xi_i^2(k) + \frac{1}{g}[x_i(k+1) - \beta_{i-1}(k+1)]^2$$

$$= -\frac{1}{g}\xi_1^2(k) + \frac{1}{g}[x_{i+1}(k) - \beta_{i-1}(k+1)]^2$$

$$= -\frac{1}{g}\xi_1^2(k) + \frac{1}{g}[\xi_{i+1}(k) + \beta_i(k) - \beta_{i-1}(k+1)]^2$$

$$= -\frac{1}{g}\xi_1^2(k) + \frac{1}{g}\xi_{i+1}^2(k) \qquad (14\text{-}25)$$

步骤 n：当 $\xi_n(k) = x_n(k) - \beta_{n-1}(k)$ 时，有

$$\xi_n(k+1) = x_n(k+1) - \beta_{n-1}(k+1) = f(x(k)) + g(x(k))u(k) + \tau_d(k) - \beta_{n-1}(k+1)$$

$$= f(x(k)) + g(x(k))u(k) + \tau_d(k) - y_d(k+n) \tag{14-26}$$

选择 Lyapunov 函数为

$$V_n = V_{n-1} + \frac{1}{g}\xi_n^2(k) + \frac{1}{\gamma}\rho^2(k) + \frac{1}{\mu}\tilde{L}^2(k) + \frac{1}{\sigma}\tilde{N}^2(k) \tag{14-27}$$

因为 $\beta_{n-1}(k+1) = y_d(k+n-1+1) = y_d(k+n)$ ，则有

$$\begin{aligned}
\Delta V_n &= \Delta V_{n-1} + \frac{1}{g}\xi_n^2(k+1) - \frac{1}{g}\xi_n^2(k) + \frac{1}{\gamma}\rho^2(k+1) - \frac{1}{\gamma}\rho^2(k) \\
&\quad + \frac{1}{\mu}\tilde{L}^2(k+1) - \frac{1}{\mu}\tilde{L}^2(k) + \frac{1}{\sigma}\tilde{N}^2(k+1) - \frac{1}{\sigma}\tilde{N}^2(k) \\
&= -\frac{1}{g}\xi_1^2(k) + \frac{1}{g}\xi_n^2(k+1) + \frac{1}{\gamma}\rho^2(k+1) - \frac{1}{\gamma}\rho^2(k) \\
&\quad + \frac{1}{\mu}\tilde{L}^2(k+1) - \frac{1}{\mu}\tilde{L}^2(k) + \frac{1}{\sigma}\tilde{N}^2(k+1) - \frac{1}{\sigma}\tilde{N}^2(k)
\end{aligned} \tag{14-28}$$

因为

$$\begin{aligned}
\xi_n^2(k+1) &= \left\{ \frac{g(x(k))}{\bar{g}}\left[\frac{\bar{g}}{g(x(k))}f(x(k)) - F\left(\frac{x(k)}{\rho(k)}\right) \right] + \tau_d(k) - y_d(k+n) \right\}^2 \\
&= \left\{ \frac{g(x(k))}{\bar{g}}\left[\Delta(x(k)) - F\left(\frac{x(k)}{\rho(k)}\right) \right] + \tau_d(k) - y_d(k+n) \right\}^2 \\
&\leqslant \left\{ \left| \Delta(x(k)) - F\left(\frac{x(k)}{\rho(k)}\right) \right| + \bar{\tau} + \bar{y}_d \right\}^2
\end{aligned} \tag{14-29}$$

由不等式（14-10），可知

$$\begin{aligned}
\xi_n^2(k+1) &\leqslant \left[\alpha L(k)\left|\rho(k)-1\right| + L(k)\bar{y}_d \cdot \sqrt{n} \cdot \left|1 - \frac{1}{\rho(k)}\right| + N(k) + (\bar{y}_d + \bar{\tau}) \right]^2 \\
&= \alpha^2 L^2(k)\left|\rho(k)-1\right|^2 + nL^2(k)\bar{y}_d^2 \cdot \left|1 - \frac{1}{\rho(k)}\right|^2 + N^2(k) + (\bar{\tau} + \bar{y}_d)^2 \\
&\quad + 2\alpha L^2(k)\bar{y}_d\sqrt{n}\left|\rho(k)-1\right| \cdot \left|1 - \frac{1}{\rho(k)}\right| + 2L(k)\bar{y}_d\sqrt{n}\left|1 - \frac{1}{\rho(k)}\right|N(k) \\
&\quad + 2\alpha L(k)\left|\rho(k)-1\right|N(k) + 2\alpha(\bar{\tau} + \bar{y}_d)\,L(k)\left|\rho(k)-1\right| \\
&\quad + 2(\bar{\tau} + \bar{y}_d)N(k) + 2(\bar{\tau} + \bar{y}_d)\bar{y}_d\sqrt{n}\left|1 - \frac{1}{\rho(k)}\right|L(k)
\end{aligned} \tag{14-30}$$

记 $h(k) = \overline{y}_d \sqrt{n} \left| 1 - \dfrac{1}{\rho(k)} \right| + \alpha |\rho(k) - 1|$，因为不等式满足条件

$$2h(k)L(k)N(k) \leqslant dh^2(k)L^2(k) + \frac{1}{d}N^2(k) \qquad (14\text{-}31)$$

则有

$$\xi_n^2(k+1) \leqslant \left(\frac{1}{d} + 1 \right) N^2(k) + \left\{ |1 - \rho(k)|^2 \cdot \left[\alpha^2 + n\frac{\overline{y}_d^2}{|\rho(k)|} + 2\frac{\alpha \overline{y}_d \sqrt{n}}{|\rho(k)|} \right] + dh^2(k) \right\} L^2(k)$$

$$+ (\overline{\tau} + \overline{y}_d)^2 + 2(\overline{\tau} + \overline{y}_d) \left[\alpha|\rho(k) - 1| + \overline{y}_d \sqrt{n} \left| 1 - \frac{1}{\rho(k)} \right| \right] \hat{L}(k) + 2(\overline{\tau} + \overline{y}_d)\hat{N}(k)$$

$$- 2(\overline{\tau} + \overline{y}_d) \left[\alpha|\rho(k) - 1| + \overline{y}_d \sqrt{n} \left| 1 - \frac{1}{\rho(k)} \right| \right] \tilde{L}(k) - 2(\overline{\tau} + \overline{y}_d)\tilde{N}(k) \qquad (14\text{-}32)$$

因为 $\tilde{L}(k+1) = \tilde{L}(k) + \mu[\phi_1 - \hat{L}(k)]$，$\tilde{N}(k+1) = \tilde{N}(k) + \sigma[\phi_2 - \hat{N}(k)]$，及如下等式：

$$-2\tilde{L}(k)\hat{L}(k) = -\tilde{L}^2(k) - \hat{L}^2(k) + L^2(k), \quad -2\tilde{N}(k)\hat{N}(k) = -\tilde{N}^2(k) - \hat{N}^2(k) + N^2(k)$$
$$(14\text{-}33)$$

则有

$$\frac{1}{\mu}\tilde{L}^2(k+1) - \frac{1}{\mu}\tilde{L}^2(k) - 2\phi_1\tilde{L}(k) = \mu\phi_1^2 - (1-\mu)\hat{L}^2(k) + L^2(k) - \tilde{L}^2(k) - 2\mu\phi_1\hat{L}(k)$$
$$(14\text{-}34)$$

$$\frac{1}{\sigma}\tilde{N}^2(k+1) - \frac{1}{\sigma}\tilde{N}^2(k) - 2\phi_2\tilde{N}(k) = \sigma\phi_2^2 - (1-\sigma)\hat{N}^2(k) + N^2(k) - \tilde{N}^2(k) - 2\sigma\phi_2\hat{N}(k)$$
$$(14\text{-}35)$$

令 $\theta = \left(\dfrac{1}{d} + 2 \right) N^2(k) + \left\{ |1 - \rho(k)|^2 \cdot \left[\alpha^2 + n\dfrac{\overline{y}_d^2}{|\rho(k)|} + 2\dfrac{\alpha \overline{y}_d \sqrt{n}}{|\rho(k)|} \right] + dh^2(k) + 1 \right\} L^2(k) + \mu\phi_1^2$ $+ \sigma\phi_2^2$，由自适应律（14-12）、式（14-34）、式（14-35）可知

$$\Delta V_n(k) \leqslant -\frac{1}{\overline{g}}\xi_1^2(k) - \tilde{L}^2(k) - \tilde{N}^2(k) - (1-\mu)\hat{L}^2(k) - (1-\sigma)\hat{N}^2(k) + \theta \qquad (14\text{-}36)$$

当参数满足条件 $1 > \mu$，$1 > \sigma$，$\xi_1^2(k) > \overline{g}\theta$ 时，则有 $\Delta V_n(k) < 0$ 成立，因此闭环系统中的所有信号是半全局一致有界的。证毕。

14.3　仿真算例

考虑如下形式的非线性离散系统：

$$\begin{cases} x_1(k+1) = x_2(k) \\ x_2(k+1) = -\dfrac{3}{16}\left[\dfrac{x_1(k)}{1+x_2^2(k)}\right] + x_2(k) + u(k) + \tau_d(k) \end{cases} \qquad (14\text{-}37)$$

非线性函数 $f(k) = -\dfrac{3}{16}\left[\dfrac{x_1(k)}{1+x_2^2(k)}\right] + x_2(k)$ 未知，已知控制增益的上下界为 $\underline{g} = 0.1$，$\overline{g} = 1.5$。

选定输入论域 $U = I_1 \times I_2 = [-10,10] \times [-10,10]$，将输入论域作以下模糊划分：$I_1 = \{$负大(NB)，负中(NM)，负小(NS)，正小(PS)，正中(PM)，正大(PB)$\}$；$I_2 = \{$负大(NB)，负中(NM)，负小(NS)，正小(PS)，正中(PM)，正大(PB)$\}$。模糊逻辑系统 F 的规则如下：

If $x_1(k)$ is PB and $x_2(k)$ is PB, Then $f(k)$ is NB

If $x_1(k)$ is NB and $x_2(k)$ is PM, Then $f(k)$ is PM

If $x_1(k)$ is NM and $x_2(k)$ is NB, Then $f(k)$ is NS

If $x_1(k)$ is PS and $x_2(k)$ is NS, Then $f(k)$ is PS

If $x_1(k)$ is PB and $x_2(k)$ is NM, Then $f(k)$ is PM

其模糊隶属函数分别为

$$\mu_{(\text{NB})}(x_i) = \exp\left(-\frac{(x_i(k)+10)^2}{2}\right), \quad \mu_{(\text{NM})}(x_i) = \exp\left(-\frac{(x_i(k)+5)^2}{2}\right)$$

$$\mu_{(\text{NS})}(x_i) = \exp\left(-\frac{(x_i(k)+0.1)^2}{2}\right), \quad \mu_{(\text{PS})}(x_i) = \exp\left(-\frac{(x_i(k)-0.1)^2}{2}\right)$$

$$\mu_{(\text{PM})}(x_i) = \exp\left(-\frac{(x_i(k)-5)^2}{2}\right), \quad \mu_{(\text{PB})}(x_i) = \exp\left(-\frac{(x_i(k)-10)^2}{2}\right)$$

参数分别选取为 $\alpha = 10$，$\lambda = 10$，$\gamma = 0.001$，$\mu = 0.1$，$\sigma = 0.02$。

（1）当外部干扰项为 $\tau_d(k) = 1.5\sin(2\pi k)$ 时，知 $\overline{\tau} = 1.5$，理想跟踪信号为 $y_d(k) = \dfrac{\pi}{3}\sin k$，系统的初始状态取为 $(1,0)^{\text{T}}$，初始值为 $\rho(0) = 0.6$，$\hat{L}(0) = 0.2$，$\hat{N}(0) = 0.3$，相应的仿真结果如图 14-1～图 14-3 所示。

（2）当外部干扰项为白噪声时，假设理想跟踪信号为 $y_d(k) = 0.5\sin(0.5k) + 0.5\sin(2k)$，系统的初始状态取为 $(0.2,0)^{\text{T}}$，初始值为 $\rho(0) = 0.8$，$\hat{L}(0) = 0.7$，$\hat{N}(0) = 0.5$，其仿真结果如图 14-4～图 14-6 所示。

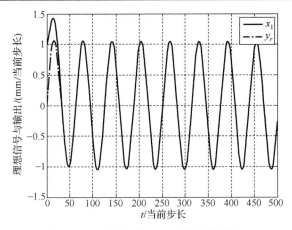

图 14-1　系统的输出与理想跟踪信号

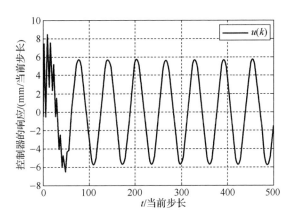

图 14-2　控制输入的时间响应

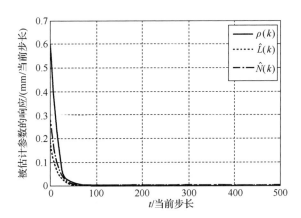

图 14-3　自适应律的时间响应

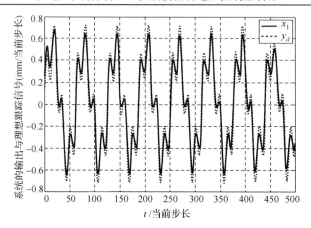

图 14-4   系统的输出与理想跟踪信号

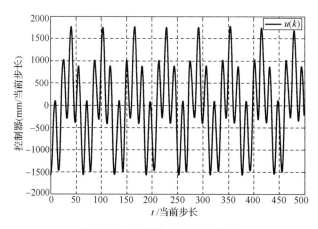

图 14-5   控制输入的时间响应

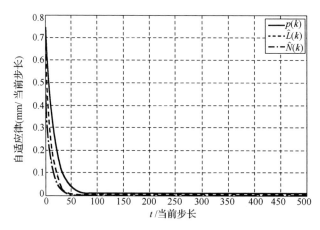

图 14-6   自适应律的时间响应

从仿真结果可以看出，不确定离散非线性在本书设计的控制器的作用下，能保证系统（14-37）的所有状态半全局一致有界。

14.4　本　章　小　结

本章通过在普通模糊逻辑系统中引入参数，给出一类非线性离散系统的跟踪模糊自适应控制器设计方法。不确定非线性函数的逼近精度可以通过自适应律在线自动调节，且构造的模糊逻辑系统的规则数目的多少不再影响逼近精度，从而减少了控制器的运算负担。这在一定程度上保证规则具有较高的语言可解释性同时，更适合工程实际应用。

参 考 文 献

[1]　Wang L X. Stable adaptive fuzzy control of nonlinear systems. IEEE Transactions on Fuzzy Systems, 1993, 1(2):146-155.

[2]　Castro J L. Fuzzy logic controllers are universal approximators. IEEE Transactions on Systems, Man and Cybernetics, 1995, 25(4):629-635.

[3]　Tong S C, Li Q G, Chai T Y. Fuzzy adaptive control for a class of nonlinear systems. Fuzzy Sets and Systems, 1999, 101(1):31-39.

[4]　Chai T Y, Tong S C. Fuzzy direct adaptive control for a class of nonlinear systems. Fuzzy Sets and Systems, 1999, 103: 379-387.

[5]　Wang L X. A Course in Fuzzy System and Control. Englewood Cliffs: Prentice Hall, 1997.

[6]　Wang F, Liu Z, Lai G. Fuzzy adaptive control of nonlinear uncertain plants with unknown dead zone output. Fuzzy Sets and Systems,2015, 263: 27-48.

[7]　Liu Y J, Tang L, Tong S C, et al. Reinforcement learning design-based adaptive tracking control with less learning parameters for nonlinear discrete-time MIMO systems. IEEE Transactions on Neural Networks and Learning Systems, 2015, 26(1):165-176.

[8]　Liu Y J, Li J, Tong S C, et al. Neural network control-based adaptive learning design for nonlinear systems with full-state constrains. IEEE Transactions on Neural Networks and Learning Systems, 2016, 27(7):1562-1571.

[9]　Liu L, Wang Z S, Zhang H G. Adaptive fault-tolerant tracking control for MIMO discrete-time systems via reinforcement learning algorithm with less learning parameters. IEEE Transactions on Automation Science and Engineering, 2017, 14(1):299-313.

[10]　刘晓华, 解学军, 冯恩民. 不需持续激励条件的非线性离散时间系统的自适应模糊逻辑控制. 控制与决策, 2002,17(3): 269-273.

[11] Boulkroune A, Tradjine M, Saad M M, et al. Design of a unified adaptive fuzzy observer for uncertain nonlinear systems. Information Science, 2014, 265:139-153.

[12] 王佐伟, 吴宏鑫. 非线性离散时间系统的自适应模糊补偿控制. 控制与决策, 2005, 20(2):147-151.

[13] Gao Y, Liu Y J. Adaptive fuzzy optimal control using direct heuristic dynamic programming for chaotic discrete-time system. Journal of Vibration and Control, 2016, 22(2):595-603.

[14] Li H, Wang J, Shi P. Output-feedback based sliding mode control for fuzzy systems with actuator saturation. IEEE Transactions on Fuzzy Systems, 2016, 24(6):1282-1293.

[15] Tong S C, He X L, Zhang H G. A combined backstepping and small-gain approach to robust adaptive fuzzy output feedback control. IEEE Transactions on Fuzzy Systems, 2010, 17(5):1059-1069.

[16] Lai G, Liu Z, Zhang Y, et al. Adaptive fuzzy quantized control of time-delayed nonlinear systems with communication constraint. Fuzzy Sets and Systems, 2017, 314:61-78.

[17] Mekircha N, Boukabou A, Mansouri N. Fuzzy control of original UPOs of unknown discrete chaotic systems. Applied Mathematical Modelling, 2012, 36: 5135-5142.

[18] Chen W S, Jiao L C, Li R H, et al. Adaptive backstepping fuzzy control for nonlinearly parameterized systems with periodic disturbances. IEEE Transactions on Fuzzy Systems, 2010,18(4):674-685.

[19] Liu Y J, Wang W, Tong S C, et al. Robust adaptive tracking control for nonlinear systems based on bounds of fuzzy approximation parameters. IEEE Transactions on Systems, Man and Cybernetics-A: Systems and Humans, 2010, 40(1): 170-184.

[20] Chen B, Liu X P, Lin C. Direct adaptive fuzzy control of nonlinear strict-feedback systems. Automatica, 2009, 45(6):1530-1355.

[21] Wang H, Wang Z F, Liu Y J, et al. Fuzzy tracking adaptive control of discrete-time switched nonlinear systems. Fuzzy Sets and Systems, 2017, 316:35-48.

[22] Liu Y J, Gao Y, Tong S C, et al. Fuzzy approximation-based adaptive backstepping optimal control for a class of nonlinear discrete-time systems with dead-zone. IEEE Transactions on Fuzzy Systems, 2016, 24(1):16-28.

[23] 张化光, 王智良, 黎明, 等. 广义模糊双曲正切模型:一个万能逼近器. 自动化学报, 2004, 30(3): 416-422.

[24] Liu L, Wang Z S, Huang Z J, et al. Adaptive predefined performance control for MIMO systems with unknown direction via generalized fuzzy hyperbolic model. IEEE Transactions on Fuzzy Systems, 2017, 25(3):527-542.

[25] Castro J L, Delgado M. Fuzzy systems with defuzzification are universal approximators. IEEE Transactions on Systems, Man and Cybernetics-B: Cybernetics, 1996, 26(1): 149-153.

[26] 王国俊. 非经典数理逻辑与近似推理. 北京: 科学出版社, 2003: 93-100.

[27] Perfilieva I. Normal forms for fuzzy logic functions and their approximation ability. Fuzzy Sets and Systems, 2001, 124(3):372-384.

[28] Vandegrift M, Lewis F L, Jagannathan S, et al. Adaptive fuzzy logic control of discrete-time dynamical systems// Proceedings of the IEEE International Conference on Intelligence Control, San Diego, 1995: 395-401.

[29] 范永青, 王银河, 罗亮, 等. 基于伸缩器和饱和器的一类非线性系统模糊自适应控制设计. 控制理论与应用, 2011, 28(9): 1105-1110.

[30] 郭雷, 魏晨. 基于 LS 算法的离散时间非线性系统自适应控制——可行性及局限. 中国科学 (A 辑), 1996, 26(4): 289-299.

[31] Zemouche A, Boutayeb M. Observers design for discrete-time Lipschitz nonlinear systems// Proceedings of the 51st IEEE Conference on Decision and Control, Maul, 2012: 4780-4785.

[32] Zulfiqar A, Rehan M, Abid M. Observer design for one-sided Lipschitz descriptor systems. Applied Mathematical Modelling, 2016, 40: 2301-2311.

[33] Furuta K. Sliding mode control of a discrete system. Systems and Control Letters, 1990, 14(2):145-152.

结 束 语

本书针对几类不同形式的非线性动态系统，在已有研究成果的基础上，提出了模糊自适应控制、自适应量化控制、广义模糊双曲正切模型自适应等控制器设计方案，主要做了以下研究工作。

（1）研究了几类非线性动态系统的镇定控制问题，提出了扩展模糊逻辑系统，并由此设计模糊自适应控制，保证闭环系统的状态是一致有界的。本书所给的控制器设计方法和其他文献中的方法相比，大大减少了自适应律的个数，从而提高了运算效率。同样用该方法设计跟踪控制器能使输出的跟踪误差收敛到零点的一个小邻域内。另外，对一类状态不完全可测的非线性动态系统的镇定问题，利用该方法设计了基于观测器的模糊自适应控制器，使得闭环系统的状态有界。本书设计方法的最大特点是：基于扩展模糊逻辑系统设计自适应控制器，不再要求模糊逻辑系统的输出必须表示成某些基函数的线性组合的形式，这在一定程度上拓宽了传统的模糊自适应控制的方法。

（2）研究了一类具有混沌现象的非线性动态系统的镇定与同步控制问题。首先通过将一个时变参数引入模糊逻辑系统中形成带有时变参数的输出形式，以此为基础设计该参数的自适应律，进而合成控制器，使得驱动系统和响应系统中的状态达到渐近同步。其次考虑了存在状态量化的情况下，具有混沌现象的复杂动态系统的镇定问题，带有时变参数的量化器被用来设计自适应反馈镇定控制器，能保证混沌系统的状态达到稳定和同步的效果。这类设计方法的最大特点是：带有非线性后件形式的模糊逻辑系统和带有时变参数的量化器可以用来构造自适应控制器，这在一定程度上减少了自适应律的数目，缩短了在线计算时间，保证了混沌系统的稳定性。

（3）对一类具有混沌现象的非线性动态系统的平衡点镇定与同步控制问题，利用输入到状态稳定控制器设计方法，分别对混沌系统的平衡点稳定和同步实施控制，给出一种自适应非线性控制方法。该方法不仅设计简单，且和其他文献中已有的控制设计方法相比，具有快速实现稳定和同步的特点。

（4）最后，本书对一类非线性离散系统的跟踪控制器设计问题，基于带有伸缩器和饱和器的模糊逻辑系统，给出一种扩展自适应模糊离散控制器设计方案。

尽管本书中对几类非线性动态系统的镇定与同步作了一定的研究，并取得了一定的研究成果，但是还有一些尚未解决的问题需要进一步深入研究。

（1）本书中针对几类复杂动态系统，提出了用扩展模糊逻辑系统设计模糊自适应控制器的方法，仿真例子中用到的模糊逻辑系统的输出可以表示为基函数的线性组合形式，对于输出方式具有其他形式的模糊逻辑系统还没有作进一步的研究。

（2）本书中的研究对象没有考虑系统的时滞情况，因为时滞大量存在于各种实际工程中，因此如何构造具有新输出形式的模糊逻辑系统、如何利用扩展模糊逻辑系统的方法进行时滞非线性动态系统的稳定控制设计等是今后需要进一步研究的内容。

（3）本书中只讨论了一类非线性离散动态系统的镇定问题，设计了模糊自适应控制方法。因此，考虑多种形式的非线性离散系统的模糊自适应控制是一个继续研究与探讨的方向。

附 录 符 号 说 明

$\mathbf{N}$, $\mathbf{R}$ 自然数、实数集合

$\mathbf{R}^{n \times m}$ $n \times m$ 阶实矩阵集合

I_n n 阶单位矩阵

C_τ $C([0 \quad -\tau], \mathbf{R}^n)$

A^{T} 矩阵 A 的转置

$\begin{bmatrix} A_{11} & A_{12} \\ * & A_{22} \end{bmatrix}$ *代表 A_{12} 的对称矩阵 A_{12}^{T}

$A > 0$ 矩阵 A 是对称正定矩阵，同理可以定义 $<$，$\leqslant$，$\geqslant$ 等

$X > Y$ X 、Y 是对称矩阵，且 $X - Y > 0$

$\|x\|_2$ 向量 x 的 2 范数，$\|x\|_2 = \sqrt{\sum_{i=1}^{n} |x_i|^2}$，$x = [x_1, x_2, \cdots, x_n]^{\mathrm{T}} \in \mathbf{R}^n$

$\|A\|_2$ 矩阵 A 的 2 范数，即 $\|A\| = \lambda_{\max}(A^{\mathrm{T}}A)$，这里 $\lambda_{\max}$ 代表最大特征值